新时代中小学建筑
设计案例与评析（第一卷）

CONTEN
IARY/MIDDLE SCHOOL PROJECTS (EPISODE 01)

米祥友　主编

中国建筑工业出版社

图书在版编目（CIP）数据

新时代中小学建筑设计案例与评析（第一卷）／米祥友主编．
—北京：中国建筑工业出版社，2018.5
　ISBN 978-7-112-22041-0

　Ⅰ．①新…　Ⅱ．①米…　Ⅲ．①中小学－教育建筑－建筑设计－案例
Ⅳ．①TU244.2

　中国版本图书馆CIP数据核字（2018）第063344号

责 任 编 辑：李成成　李东禧
责 任 校 对：王　瑞
书籍设计顾问：甘　力
版式设计指导：李成成
封面照片摄影：舒　赫
封 面 照 片：天津市西青区张家窝镇小学室外楼梯

新时代中小学建筑设计案例与评析（第一卷）
米祥友　主编
＊
中国建筑工业出版社出版、发行（北京海淀三里河路9号）
各地新华书店、建筑书店经销
北京锋尚制版有限公司制版
北京富诚彩色印刷有限公司印刷
＊
开本：880×1230毫米　1／16　印张：20¼　字数：527千字
2018年5月第一版　2018年5月第一次印刷
定价：228.00元
ISBN 978-7-112-22041-0
　　　（30911）

参编单位（排名不分先后）
PARTICIPATED ORGANISATIONS

上海市建筑学会

上海市建筑学会文教建筑专业委员会

同济大学建筑设计研究院（集团）有限公司

上海建筑设计研究院有限公司

上海华东发展城建设计（集团）有限公司

上海建科建筑设计研究院有限公司

上海经纬建筑规划设计研究院股份有限公司

上海交通大学建筑系

悉地国际建筑设计顾问有限公司

上海联创建筑设计有限公司

美国 Perkins+Will（帕金斯威尔）建筑设计事务所

上海高目建筑设计咨询有限公司

大舍建筑设计事务所

上海米丈建筑设计事务所有限公司

DC 国际建筑设计事务所

浙江大学建筑设计研究院有限公司

中国联合工程公司

浙江省建筑设计研究院

中国美术学院风景建筑设计研究总院

杭州中联筑境建筑设计有限公司

浙江工业大学工程设计集团有限公司

温州设计集团有限公司

华汇工程设计集团股份有限公司

宁波房屋建筑设计研究院有限公司

杭州市城乡建设设计院股份有限公司

宁波大学建筑设计研究院有限公司

杭州九米建筑设计有限公司

江苏省建筑设计研究院有限公司

东南大学建筑学院

东南大学建筑设计研究院

南京大学建筑学院

南京市建筑设计研究院有限公司

南京长江都市建筑设计股份有限公司

苏州九城都市建筑设计有限公司

江苏中锐华东建筑设计研究院有限公司

安徽省土木建筑学会

安徽省建筑设计研究院股份有限公司

华东工程科技股份有限公司

合肥工业大学建筑设计研究院

安徽地平线建筑设计有限公司

前　言
PREFACE

随着我国社会、经济的快速发展，人民生活水平的不断提高，信息化、网络化、智能化已进入社会的经济、环境、教育等各个领域，人们普遍感受到新时代科学技术的浪潮已经席卷整个社会，它给国民生活、学习和工作带来了诸多舒适与便捷。绿色、环保、低碳、健康、以人为本的生活理念已被全社会普遍认同。根据党的十九大战略部署，我国已经跨入了新时代，教育工作也是十九大尤为关注的重要课题。当前，新一代的教育、学校的建设、校园环境和空间的提升等工作，应成为全社会教育工作的主旋律。过去由于我国经济较为落后，国民生活水平只能满足于温饱状态。鉴于此，我国早期的校园建筑，特别是中小学校的校园建筑设计标准普遍偏低，很多中小学校校舍功能单一，校园环境简陋，许多只能满足最基本的使用需求。

跨入新的时代后，我国经济快速发展。当前，我国大量的中小学校舍需要建设和改造，特别是当前社会高速发展时期，国家相关部门难以马上迅速及时地更新或提供新的设计蓝本和规范标准，而此类建筑又要紧锣密鼓地进行设计和建设。为此，时常出现各地新建的学校建筑标准不一，良莠不齐。针对这一现状，中国建筑工业出版社在反复听取有关教育部门以及教育建筑专家的意见后，决定于2017年开始在全国范围内，组织和选择一批近年来各地先后建成或改造的风格独特、造型别致、功能完善、材料生态、环境优美、最大限度地满足学生生理和心理需求的中小学校园优秀建筑，作为设计案例，在进行专家评析后，集结成册，分卷出版，以尽快地提供给全国各地从事中小学建设和改造的设计人员参考使用。

本套丛书计划分多卷出版，第一卷先选择我国校园建筑发展较为快速的江、浙、沪、皖地区，即统称的长三角区域，而后将编辑扩展到珠三角区域以及京津冀环渤海区域等。本书的编撰工作，案例采取专家推荐，项目请设计单位申报，内容由编辑委员会审核，优选工程实例最后全部通过专家评述。

本书从实用性、引导性出发，尽可能详尽地按作品的设计理念、设计原则、典型平面、立面、适用功能、细部空间、校园环境等系统编辑，较全面地将各个案例逐一展开。相信广大读者通过对本书的阅读，不仅可以领略到案例作品的创新性，还可准确把握校园案例"适用、经济、安全、美观"的建筑设计方针。我们力求通过书中的方案优选和专家评述，使中小学校建筑设计借鉴者能从教育建筑设计中，及时把握社会、经济、文化和城市发展的脉搏，体验新时代学校设计的崭新理念和手法，成为当下中小学建筑设计最新的实用参考，有效地推动当前我国中小学校建设工作的健康发展。相信本书优秀案例中建筑设计的特色、理念，以及校园中舒适的空间、优美的环境和完善的功能，也会给从事教育行业的管理人员一定的启迪。

本书在征稿和编审过程中，得到了浙江、上海、江苏和安徽区域内各参编单位的秉力支持，在具体工作中，编委会很多专家都是在百忙之中挤出时间，认真负责、保质保量地完成稿件的整理和编撰。特别是各区域的联络员，更是兢兢业业，不仅耐心细致地做好与专家联络的工作，对书稿的要求也是精益求精。另外，在本书成稿后，为提高该书的可读性，特邀请浙江大学建筑设计研究院董丹申教授等专家，在阅读了大部分书稿后，为本书撰写了内容翔实的概述。对上述专家的辛勤劳动，在此一并表示诚挚的感谢！

本书在各参编单位、编委会全体成员和中国建筑工业出版社领导及编辑的共同努力下，编写工作经过了多次协调和审查，最后基本上取得一致意见。由于编者水平有限、并受到人力、财力和时间的限制，该书的出版定会存在诸多问题和不足，希望广大读者及业界专家在阅读过程中提出宝贵意见和建议，以便在下一卷编写时进行改进和完善。

概　　述
SAMMARY

随着新时代教育的发展，人们越来越注重中小学生人性化的教育学习理念。国家通过实施一系列的教育改革，大力推进学生的素质教育，促进中小学生的全面发展。学校是一个人度过童年和青年时代的地方，一个人的启蒙也从这里开始，因而，中小学校园的建筑设计和环境营造尤为重要。改革开放发展至今，中小学校园发展的脚步从未停歇。伴随着城市的高速发展，我国城市中小学建设正进入一个新的发展期，处于高密度城市环境中的中小学校建设，面临着建设用地不足、学生数量激增、周边环境复杂等严峻形势。如何在有限的资源和环境下，实现高效、合理的功能安排和空间组织，在满足学校素质教学的同时，更适应学生生理、心理健康的需要等，这是对中小学校园的建筑设计提出的要求和挑战。在社会发展愈发快速的今天，如何在数量激增的同时依然能够带来校园设计质的飞跃，是新时代中小学校园设计的重要议题。

避免范式，提倡多样

在欧美，教育体系与中小学校园设计的标准做法往往是通过教育改革运动与学校设计实践的并行才逐渐形成，并在其同步发展中衍生出新的中小学设计发展导向，以此互为反馈形成教育改革与校园设计共进的良性循环。在国内，中小学校园设计改革对于教育改革来说起步较晚，发展与变革也略显滞缓，逐渐趋同于固定的范式化发展。作为校园设计者，我们能清楚地意识到，范式化的校园设计脱离了"以人文本"的基本原则，显然也不适应未来教育的新需求。现代中小学校园设计应避免范式，提倡多样化，向更灵活、更具适应性的方向发展，以多元的途径支持与回应各地不同地域背景下不断更新的教学方法与实践。

提出多样化、以人为本、因地制宜

因此，本书收集了现代校园发展较快的、以苏、浙、沪、皖、地区为主的近几年具有代表性与探索性的案例，以归纳当前经济较发达、人口较密集的地区校园建设的设计特征与改革水平，供业界同仁互相交流与学习。但正如突破陈规、寻求实践的教育领域一样，本书的目的并不在于归纳与建立具有指导性意义的中小学校园设计纲领，更多是期待抛砖引玉地引发在当代语境下的现代中小学校园设计的新的思考方向。

首先，我们呼唤以学生为主体的、以人为本的多样化校园设计的理念坚守。现代中小学校园的设计主题从以老师为主体向以学生为主体转变。复杂的学生行为、多样的教学方式、多元的教学导向、多彩的地域文化等决定了中小学教学空间环境因地制宜多样化发展的必要性。我国目前新型的建筑材料、多元的绿建技术、协同的运作理念、进步的经济水平等多领域探索或转变，都隐藏着助推现代中小学校园设计多样化发展的无限能量。校园设计师应紧跟技术、文化、社会的发展潮流，因地制宜地设计以人为本的中小学校园。

其次，我们呼唤一套从功能到空间、从社区到建筑、从策划到运营、从使用到维护等多领域的完整而综合的新时代校园设计新思路。我们甚至呼吁改变以往滞后于教育改革步调的状况，期待能基于社会发展与人才发展需要，对教育导向的变换、教育技术手段的运用、土地指标的改善等中小学校园设计涉及的多领域发展，作前瞻性的思考并加以试验性的实践，以充分挖掘21世纪新时代中小学校园设计的潜力与价值。

最后，我们呼唤整个学校完整的发展体系的建立。新时代校园设计不仅是设计师的独角戏或重头戏。中小学校是教育的摇篮，是社会发展的教育基石。中小学校的决策者、投资者、建设者、管理者、工作者都是校园设计中的重要角色。任一角色的决策都会引起中小学校园发展环境和设计导向的不同，因此全身心了解现代教育改革与校园设计变革的变化与必要性，才能激发出更适合中国特色社会发展需要的中小学校全新的运作观念、教学模式和设计主题，让新时代校园设计真正适应与融入教育发展的新趋势。

社会与教育发展的新趋势、学校发展机遇和变化共同导致的设计变化趋势

在教育新趋势的大背景下，新的教育理念、教学方式、学习价值取向、技术水平影响着中小学校的学习行为、教学空间形式、运作理念等方面面。培养更全面发展的学生的需求，导致中小学校需要承载日益丰富的多元的教育需求。同时，江、浙、沪、皖、地区中小学校园还面临着城市土地资源有限、老旧城区校园改造不易、适度开放后校园安全存隐患、随社区开放校园服务性功能待拓展等社会难点。

然而，挑战往往伴随机遇。21 世纪的现代中小学校园在社会发展中扮演了新的角色。对于学生，中小学校园是基础教育的服务者、全面发展的引导者；对于社区公众，中小学校园是终身学习的倡导者、文化服务的提供者；对于地区，中小学校园是地方文化的推广者、地区形象的宣传者。在当代的语境之下，部分中小学已经继开放高校的热潮之后也都纷纷放下门槛，通过各种形式、空间和服务向公众表达局部开放的意愿。中小学校不再是传统意义上的基础教育机构，而是融合学术、教育、社区、服务、娱乐诸方面的复合场所。因此，新时代中小学校园设计应随之关注其相应的开放、复合、弹性等空间特征需求。

中小学校园开放、复合化的趋势，是新时代中小学校在不断适应世界的教育、文化、科技等各领域发展潮流，在中国土地资源有限的社会背景中，不断克服自身发展矛盾的过程中的产物。其出现不仅利于弥补校园空间单一刻板导致的资源浪费与教学不便，填补了传统课堂教育的不足，还有利于建立社区与学校的沟通纽带，延伸校园的教育功能，实现文化教育与生活的渗透共融，甚至有利于地方文化的传承，助推地区文化大环境的建立，为提升中小学校自身教育能力与扩大教育影响力提供契机。

设计主题与学校案例，加入建筑材料以及与绿色建筑相关的反映时代需求的关注点

新趋势下的中小学校园发展机遇值得我们对其长远发展进行更深入的设计思考，例如小型社区学校的规模是否更能适应教育发展与地区资源均衡性发展的需要，传统遗留的独立封闭性建设模式是否有利于现代开放校园的长期发展，对传统功能固守的单一化标准教室空间是否仍应占据学校主体地位，等等。这促使我们需要在校园设计中进行不断实践与变革，不论在校园设计的何种关注点上，有所尝试与突破都是现代校园设计探索道路上的极大进步与发展激励。总体来说，新时代中小学校园设计的关注点可以归类为六大设计主题，分别为：一、"校园文化认同"；二、"教学空间多元复合"；三、"空间设施灵活可变"；四、"资源共享开放"；五、"学习环境绿色宜居"；六、"建筑材料适宜亲和"。

"校园文化认同"的主题强化了学习环境中特殊的场所意味，赋予了教育环境的特殊语境，也增强了学生的校园归属感与地方荣誉感。现代中小学校园的文化认同不仅指学校的传统校训与教学理念，更包括学校与所处社区、邻里、地区环境所联系的物理环境特征，也包含了地方特有的社会、文化和历史的影响。这方面案例如与乡土文化融合的杭州安吉路良渚实验学校、呼应水乡地理的上海嘉定桃李园实验学校、富有新民国风格的南师附中 IB 国际部校园改造等。

"教学空间多元复合"的主题是对强调多元化的现代教学活动最有力的支持。通过创造多维度、多样化的学习环境，校内正式与非正式的、大型或小型的、公共或私密的、专门化或普通的校园空间环境都可作为教育获取的多元途径，走廊等交通空间、教室、公共交流空间、户外活动空间等领域复合之后，可满足个人、小组、群体多种教学的功能。这方面案例如杭州市余杭区时代小学教学综合体、北大附属嘉兴实验学校等对传统教学空间的打破与有机整合。

"空间设施灵活可变"主题是针对教学空间多元复合的有效实现途径之一。利用易处理、可根据需要变化发展的形式增加空间使用的可适应性，在土地资源有限、人口密集的城市，这是保证学习活动的多元化、辅助建筑空间多功能和弹性使用的有力措施。这适用于正式与非正式教学空间、学校与社区相关联的公共空间、交通空间，等等，这类案例如本书中的上海美国学校浦西校区探究与设计中心改造后的大量可书写墙面与移动隔墙等。

"资源共享开放"主题认可了学校作为社区共享的公共资源的重要性，也认识到学校不能隔离于社会发展的重要性，提倡学校有计划地开放与社会互动，使社会化的人际互动成为中小学生学习经历中必不可少的部分。学校向社区开放教育资源，为其提供学习、v、展览、集会等活动场所的同时，社区也为学校提供了学习大环境与信息、公共文化设施等的共享资源。资源共享的方式更易于学校与社区发生各种积极的联系和结合，社区力量的进驻能够为教学的优化累积能量，帮助学生更全面的发展。这方面的案例包括上海市第二师范学校附属小学有利于学科交叉、资源共享的细胞模式总体布局；苏州湾实验小学的人性化入口接送等候空间；张家港凤凰科文中心、小学与幼儿园利用街区化布局实现的开放共享等。

"学习环境绿色宜居"主题是保证学习环境的安全、舒适、健康、卫生、节能，尤其是苏浙沪皖这样夏热冬冷的地区，通过绿色建筑节能技术为中小学教学空间提供合理的自然采光、通风、声音和噪声控制、照明等是永恒不变的最基本的教学环境设计要求。此外，该主题也包括校园环境宜居性的新要求，例如依靠建筑手段实现存储空间的合理设置、教学空间视觉上的舒适与多样性、室内外空间的通透、整体安全的保证，等等。这方面案例如醴陵第一中学图书馆因地制宜的绿色设计、杭州高级中学钱江校区的屋顶太阳能光伏板等。

"建筑材料适宜亲和"主题是根据学校地方文脉特征与资源条件，因地制宜地选用富有亲和力与校园特色的建筑材料。材料的色彩、肌理、触感、形状、组合方式等都会影响中小学校园的环境质量与师生的教学体验。该主题与其他主题息息相关，立面材料的选用建立了校园整体的文化形象，节点材料的差异化提高了复合空间不同功能的辨识度，设施材料的选用帮助引导学生正确灵活地使用家具或工具，绿色建材的适应性选择，决定了建筑的舒适性与节能效果。不论砖、石、瓦、木等传统材料，还是彩色玻璃、吸声混凝土等现代材料，材料效果不在于种类繁复或工艺繁杂，而在于因地制宜，能够保证学生的舒适安全与健康，适合中小学校园长期发展。这方面案例如极具雕塑感的宁波鄞州中学、程式化立面形象的南京丁家庄居住片区 A14 地块小学、从孩子视角把握色彩和形态的杭州市天长小学改建项目等。

展望

当代正是中国教育变革愈发深入、中小学教学环境迫切需要转变的时期，作为教育改革风向标的高考制度每年都有或多或少的变化，影响教育启蒙的中小学体制是否有所改变有待考量，类似国外已有的职业化教育引导是否更适合中国未来社会发展也犹未可知，国内中小学设计是否具有标准化设计、工业化制造、装配化施工、一体化装修的可能，以及是否能够通过信息化管理发展为智能校园，这些可能性都有待验证。可以说，国内教育与教育建筑设计领域都处于充满未知同时也充满潜力与能量的时期。作为新时代中小学教育建筑的设计者，我们应同时自觉兼顾教育探索者的身份，保持高度敏锐的嗅觉，紧跟社会、教育、文化、科技的发展潮流，对教育与教育建筑及其间的联系予以更多思考，并勇于通过多样化校园设计的手段，为教育改革提供现实和实践的多元途径。同时，我们期待通过文化、教育、设计、建造、管理等各领域的参与与合作，可以更坚定地保持以人文本的理念，创造出学习空间更加丰富多元、因地制宜、与时俱进的校园，以支持意义更加宽泛的涵盖学生、社区、地区的公共教育和学习。

目　　录
CONTENTS

■ 教学楼南侧

上海嘉定桃李园实验学校
SHANGHAI JIADING TAO LI YUAN SCHOOL

设计单位：大舍建筑设计事务所
设计人员：柳亦春　陈屹峰　高　林　王龙海　宋崇芳　伍正辉
项目地点：上海市嘉定区树屏路
设计时间：2009年3月～2013年3月
竣工时间：2015年12月
用地面积：5.7496万平方米
建筑面积：3.234万平方米/地上2.8719万平方米/地下0.3621万平方米
班级规模：小学部25个班，中学部32个班

■ 模型照片

■ 桃李园实验学校从拥挤的旧城区迁建而来，由小学部和初中部组成，小学是25个班级，初中32个班级。基地位于嘉定城区以北的开发区内，周边空旷，北侧和东西两侧均为规划城市道路，南侧有一条小河，隔河尚有部分未拆迁的村庄和农田，仍能感受到江南水乡的地理特征。

■ 为了呼应或将远去的水乡地理，设计根据学校的具体功能特点，尝试再现江南传统书院的空间形态，为中小学生营造一处受教与自由天性互动且具地方气质的校园空间。

■ 学校的每个院子就是一个年级，建筑的上下层采用不同功能和空间叠加的方式，底层为专业教室及教师办公，上层为普通教室。平台之上是安静的和常规的教学场所，平台之下，是寓教于乐的展现教学多样性的内外交融的教学空间。

■ 平台采用混凝土厚板结构，在普通教学楼的下部，通过部分架空形成可以全天候活动的公共空间，它既和灵活机动的课外教学相结合，又是楼前楼后院落相互渗透的地方，这些架空层让整个校园的地面层成为一个庭院空间整体。院墙之内，是宁静的学习场所；院墙之外，院与院之间又围合出另一个天地，是学生们嬉戏游玩的中心庭院。院墙向外成为游廊，各处因此被联系起来，开敞自由，曲折有致。楼上楼下学子研读，院内院外桃李满园，植物的配置也很好地呼应着这所有一定历史的地方学校。这是一个真正意义上的校"园"，设计者也希望据此重塑江南地域的诗意空间的传统。

■ 中学部二层平台

■ 中学部庭院

■ 建筑体量与围墙的脱离

■ 中学部游廊

■ 运动场1

■ 运动场2

■ 校外视角

■ 校区建筑轴测图

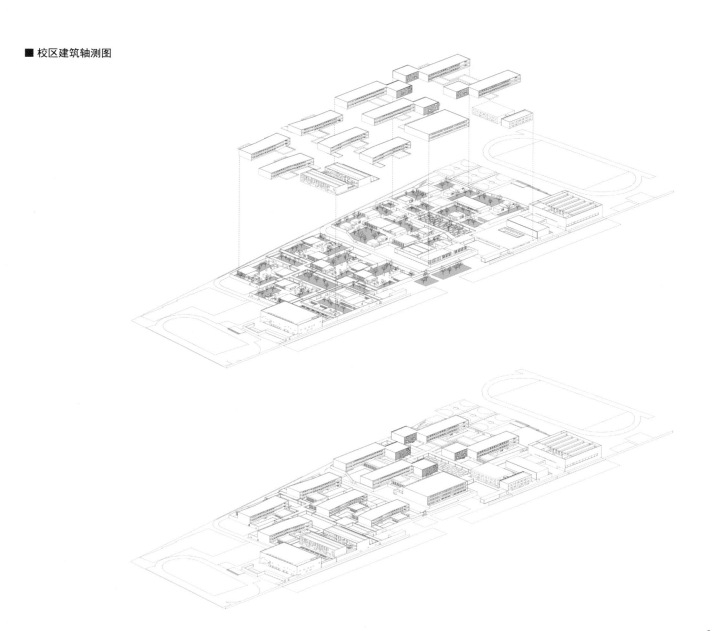

■ 二层平面图（左：中学部/右：小学部）

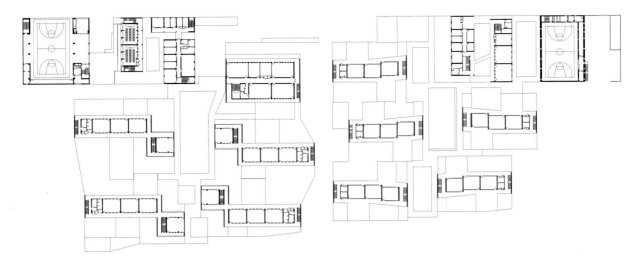

■ 一层平面图（左：中学部/右：小学部）

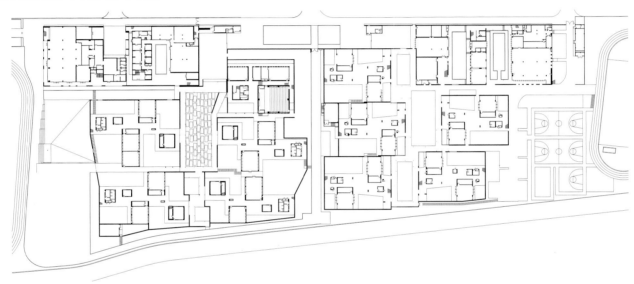

■ 总平面图（左：中学部/右：小学部）

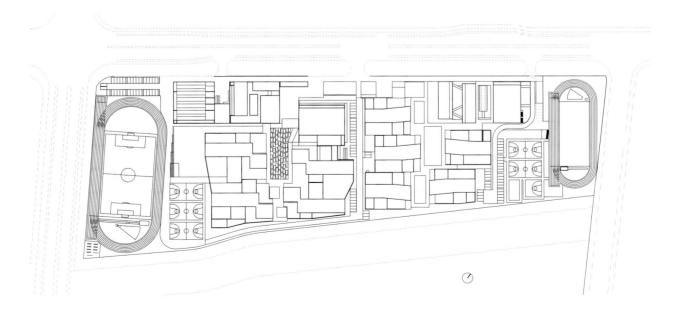

■ 中学部主庭院1

■ 中学部主庭院2

■ 中学部主庭院3

■ 小学部教学楼立面

■ 小学部主庭院1

■ 小学部主庭院2

■ 小学部二层平台

■ 体育馆

专家点评

■ 嘉定桃李园实验学校突破了中小学校园传统行列式布局的刻板印象，结合江南水乡环境的基地特点，形成彼此嵌套、相互联系的多院落空间，使内、外、灰三种空间形式渗透交融，显得生动而富有意趣。

■ 建筑师设置了一系列平台作为设计切入点，对不同功能形态进行空间叠加和竖向划分。平台下部布置办公和专业教室，结合院落，平面呈现大小不同、前后错落的形式；平台上部为普通教室，形式严谨，平台为孩子们提供了户外活动空间。下部的院落自由、活泼，上部的行列式体量规整、统一，两者之间形成对比。

■ 整个建筑化整为零，院落景观层次丰富、尺度宜人，立面以白色墙面为基调，简洁平和，精致细腻，符合江南水乡的特点，无哗众取宠之感。

王文胜

■建筑外廊

上海崧淀路初中
SONGDIAN ROAD JUNIOR HIGH
SCHOOL, SHANGHAI

设计单位：同济大学建筑设计研究院（集团）有限公司
设计人员：周 蔚 张 斌 李 沁 李 佳 金燕琳 李姿娜 金 浩
　　　　　霍 丽 游斯嘉 郭宇龙 李 晔
项目地点：青浦新城一站大型居住社区崧淀路以西、北淀浦河路以北
设计时间：2011年10月～2013年1月
竣工时间：2012年12月～2014年9月
用地面积：2.7752万平方米
建筑面积：1.8055万平方米
班级规模：32班初中

■ 崧淀路初中位于上海远郊青浦的一个正在建设的大型居住社区内，南临淀浦河，北靠一所待建的幼儿园，东西两侧都是高层住宅区。总体布局上，学校的东半部是操场，所有建筑都在邻近崧淀路的西半部。由于用地规模比上海市的标准值小了15%以上，教育局原本希望的南北向排列的两栋普通教学楼、一栋专用教学楼、一栋行政楼和一栋食堂体育综合楼的标准模式不可能实现，这反而给了设计者尝试一种紧凑、集约的新布局模式的机会。同时，在学校的功能组织之外，学生课间休息及交流活动成为设计师关注的一个重点。由此，引入了"平台"和"围院"两个关键词来组织整体的设计策略。

■ 整个学校呈现为一个统一清水混凝土基座平台上的大小、高低、色彩各不相同的三个体量：最北侧的是食堂及后勤基座上的风雨操场，带有一个向东侧操场看台及活动平台显著出挑的屋顶，并通过突出屋面的北向高侧窗为风雨操场内部提供柔和的顶光；入口前庭南侧居中较小的体量是3层高的、带有音乐和形体教室的行政综合楼，顶层的行政办公部分带有一系列凹入的小庭院和间隔的顶部高侧天窗；而最南侧最大的一组围院式4层体量的建筑，则是整合了普通教室和专用教室的教学楼，南北正面是普通教室，东西侧翼是专用教室和教师办公室，所有教室在内外两侧都设有联通的环形走廊。作为三个体量的共同基座的底层，容纳了图书馆、阶梯教室、实验室和食堂等公共性最强的功能，并在二层为学生们提供了充足的户外景观及活动平台。同时，这个基座是围绕三个尺度、开放度和氛围不同的庭院来组织的：北侧居于风雨操场和行政综合楼之间的是向西侧道路开口的宽敞的礼仪性入口前庭；南侧尺度最大的是居于教学楼内的向东侧操场架空开口的学生课间活动庭院，并在底层带有特别宽大的环形架空活动空间。而居中在教学楼和行政综合楼之间的是相对安静的小尺度狭长内庭，其中布置了一部折返坡道联通二层的活动平台。

■ 轴测图

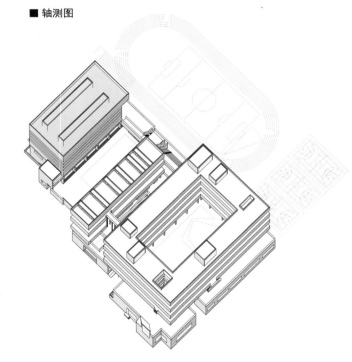

■ 区位图

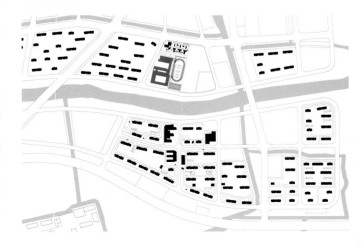

■ 形态生成图1

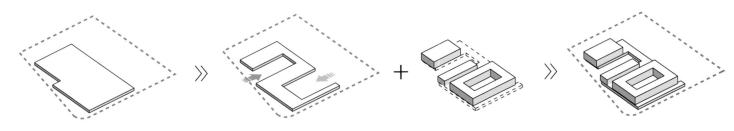

■ 从操场看校园

■ 西立面图

■ 剖面图

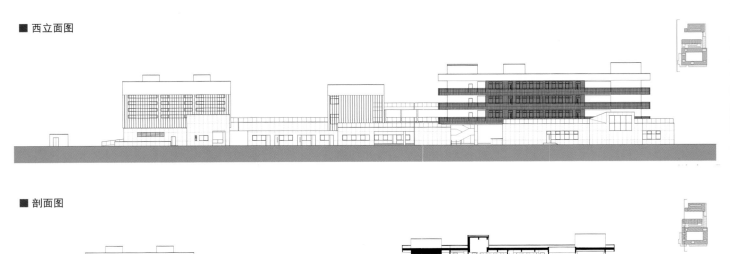

■ 总平面图

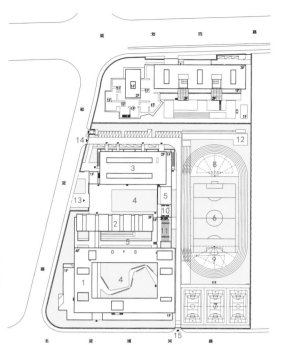

1 教学楼
2 综合楼
3 生活及体育活动楼
4 广场
5 活动平台
6 250M跑道及足球场
7 篮球场及排球场
8 跳高
9 掷铅球区
10 主席台
11 看台
12 活动器械场地
13 人行及非机动车主入口
14 基地车行及后勤主入口
15 车行次入口

1 教室	9 休息室	17 储藏室
2 实验室	10 资料室	18 管理室
3 准备室	11 网络控制室	19 图书馆
4 教师办公室	12 德育展览室	20 多功能教室
5 卫生间	13 热水间	21 广播社团办公室
6 科技活动室	14 更衣室	22 传达室
7 保健室	15 厨房	23 消防控制室
8 心理咨询室	16 教工食堂	24 体质测试室

■ 一层平面图

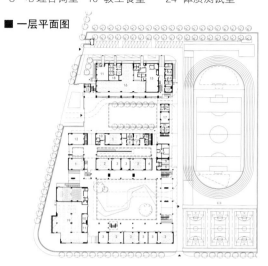

■ 南侧立面图

■ 形态生成图2

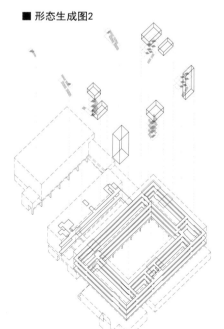

■ 二层平面图

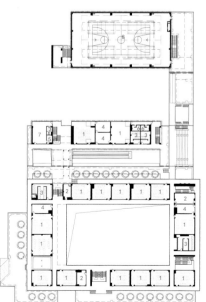

二层平面图：
1 教室
2 教师办公室
3 卫生间
4 辅房
5 茶水间
6 更衣室
7 接待室
8 体育活动室

■ 三层平面图

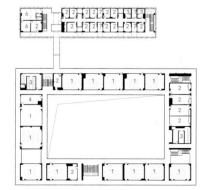

三层平面图：
1 教室
2 教师办公室
3 卫生间
4 辅房
5 茶水间
6 更衣室
7 接待室
8 体育活动室

■ 风雨操场

■ 内庭

■ 活动平台

■ 活动平台

■ 活动庭院

■ 基座外侧的清水混凝土和上部体量的浅灰色涂料墙面构成整个学校的质朴背景，也回应了本项目严格的造价控制。

■ 这些简洁的形式塑造的空间中的所有表情都来自局部不同构造系统的色彩运用，包括外廊等公共空间的顶棚、教学楼基座的内侧墙面、所有楼梯间内部的墙、顶、地面和实体梯段本身以及所有基座以上体量上的小尺度透空金属密肋栏杆和大尺度竖向金属遮阳板的侧面。其中，楼梯间和金属栏板及遮阳板的处理是重点。

■ 我们把楼梯间都以扩大空间的方式布置在各个重要空间节点上，并且都是开敞的半室外楼梯，以利于快速瞬时人流的引导与通过，而色彩加强了这种引导：教学楼的三个楼梯外侧都是和底层基座内侧墙面一样的墨绿色，而内侧是各不相同的明快浅色；行政楼和风雨操场的楼梯分别和所属楼宇的蓝色和红色统一，外侧深色内侧浅色。教学楼二层以上略高于基座的飘浮感被强化，它作为外立面唯一的元素，密肋栏杆的色彩逐层渐变色所强化，形成了轻盈而朦胧的视觉感受。

■ 原设计行政楼和风雨操场的立面，被侧面为蓝色和酒红色的通高竖向遮阳板所包裹，但是在实施中由于造价原因，只保留了风雨操场的遮阳板，而行政楼的遮阳板被同色的密肋栏杆所替代。太阳能、雨水收集、中水回收、全新风等先进设备系统都得到了综合利用。

■ 浅灰色涂料墙面

■ 楼梯

■ 入口前庭

■ 楼梯

■ 行政综合楼

■ 教室

专家点评

■崧淀路初中设计尝试以一种紧凑、集约的布局模式应对基地狭小的限制条件，以"平台"和"围院"的设计策略满足学校的功能组织、学生课间休息及交流活动要求。

■建筑单体设计分区清晰，公共性功能与教学、行政功能分置于混凝土基座平台上下，并在二层为学生们提供了充足的户外景观及活动空间，功能布局高效、合理；围院空间则以不同的尺度与开放度展示了室外活动类型。

■建筑造型简洁、现代，用色明快、大胆，充分体现了青少年特点；建筑细部处理细腻，用材质朴，满足项目严格的造价控制要求。

任力之

■ A栋教学楼

无锡蠡园中学
WUXI LIYUAN MIDDLE SCHOOL

设计单位：上海米丈建筑设计事务所有限公司
设计人员：卢志刚　黄炎冰　蔡舒旻　傅婧　张晓峰
项目地点：无锡市太湖大道与隐秀路交叉口东南侧
设计时间：2011年
竣工时间：2015年
用地面积：3.96万平方米
建筑面积：4.08万平方米
班级规模：48班

■ 无锡蠡园中学有着办学五十年的历史，是一所以"建设积极情态，追求高效学习"为育人核心理念，以"助生自助"为教学核心理念，引领师生在根本上重建"教"、"学"逻辑的品牌学校。

■ 新校区在老校区地块原址上重新扩建而成，占地近60亩。新校区设计充分融入国内外学校建筑先进经验，让校园内的建筑、空间、景物都成为课程资源。

■ 蠡园中学基地的最大限定，同时也是最大特色在于："一"字形河流将基地分割为南北两块，削弱了校园的完整性。建筑师需要考虑的是：如何让学校跨越河流的限制，而将这两块区域的功能有效联系起来，形成一个整体的架构，在确保校园环境和空间的安全及共融性的情况下，使其具有别样的风貌。

■ 于是，一条"浮在空中的飘带"贯穿二层的水平曲线联廊，把河流的南北岸联系起来，同时也将不同功能的建筑体连接起来。河道南侧依次分布着五个"有机体"：行政楼、A栋教学楼、B栋教学楼、报告厅、音美图书馆，河道北侧则连接了食堂、风雨操场。在弥合河道割裂的同时，有效激活了校园建筑的组织秩序，且重新定义了学校的轮廓边界。它不仅作为形态的控制线索化解了诸多矛盾，更一气呵成地造就了校园有机的整体空间和形象。

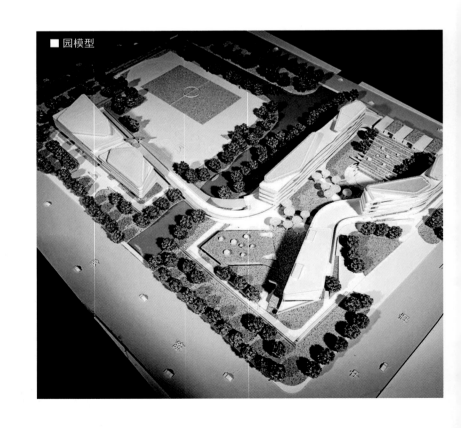

■ 园模型

■ B栋教学楼
站在中央庭院往东仰视B栋教学楼，能看到走廊内均作了格栅吊顶的处理。夜晚，密布的格栅在灯光的映衬下，仿佛有了渐变退晕的动感。

■ 总平面图

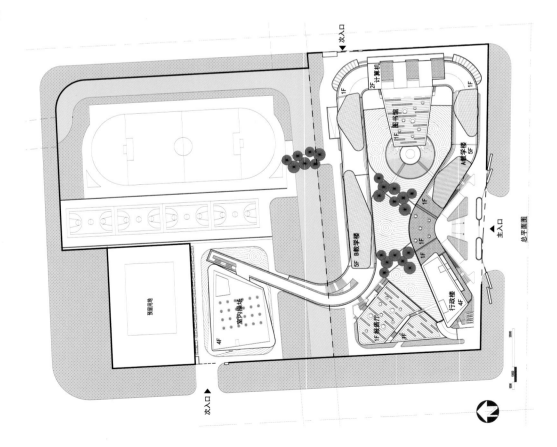

■ B教学楼标准层平面图

1 教室　2 办公室　3 饮水间　4 走廊

■ A教学楼标准层平面图

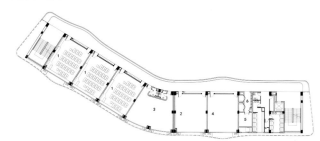

1 生物教室
2 实验室
3 办公室
4 乐器室
5 储藏间
6 饮水间

■ A教学楼剖面图

■ A教学楼立面图

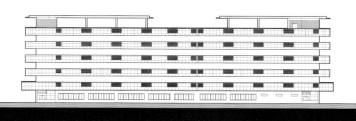

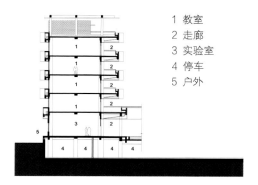

1 教室
2 走廊
3 实验室
4 停车
5 户外

■ 报告厅平面图

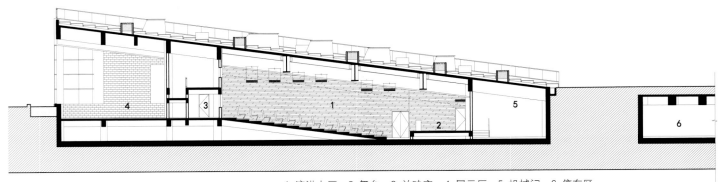

报告厅光屋平面图

1 展览室
2 放映室
3 设备室
4 上空
5 平台

0 1m   10m

■ 报告厅屋顶绿化

■ 图书馆和报告厅设置了倾斜的阶梯通道，由庭院逐渐向下延伸至室内空间，室内空间的倾斜变化与屋顶斜坡一致。

■ 由庭院至斜坡漫步而上，台阶周围安置了一个个圆形采光窗，它们为图书馆、报告厅带来了大自然最慷慨的礼物——"光"。采光窗通过筒的设置方式来满足白天室内的光照，顶光经过漫反射进入室内，当报告厅内需要较暗的环境光时，筒内的遮光百叶可以闭合，来满足使用需要。由于顶光经过漫反射进入室内，所以有效避免了炫光的产生。这种设计手法让阳光自然进入建筑内部，使室内环境变得诗意、柔和。

■ 自然是学生学习的重要方面，不能用一个人工体截然地把自然和人切分，二者应该是相互渗透的。将植物、风、阳光引入到建筑中来，对于帮助学生形成对环境、世界的认知极其有益。

■ 报告厅剖面图

1 演讲大厅   2 舞台   3 放映室   4 展示厅   5 机械间   6 停车区

■ 图书馆室内

■ 体育馆室内

■ 报告厅室内

■ 图书馆屋顶景观

■ 报告厅屋顶采光井

专家点评

■建筑师的思路比较大胆，通过一条跨越河道的曲线连廊把南北校区连为一体，宛如"浮在空中的飘带"，建筑师为摒弃"形式主义"的误区，通过优化空间形态，增强了建筑的可读性与合理性："飘带"在基地南部向内凹入，创造出三角形的礼仪性主入口广场，合理解决校园入口面向城市道路的退让问题，并形成良好的城市界面，这是本项目的最大亮点。建筑体量也随之凹入，使单调的长方形庭院空间变为"∞"哑铃形，增强了校园的趣味性。在庭院内结合造型加入更多的设计元素，创造出丰富多变的公共活动空间，满足学生贴近自然的情感需求。

■外立面造型较为粗犷，体量感较强，南北一气呵成。建筑在满足基本功能需求的基础上，呈现出反映新时代精神的校园空间。

王文胜

■ 校园西侧入口

复旦大学附属中学青浦学校
THE QINGPU CAMPUS OF MIDDLE SCHOOL ATTACHED TO FUDAN UNIVERSITY

设计单位：非常建筑事务所　上海华东发展城建设计（集团）有限公司
设计人员：张永和　任　憑　杨　普　唐家元　向卓睿　叶鹏飞　丁　睿
　　　　　强　君　杜雨韩　王　琼　张　希　施云岳　李晓云　庄智勤
　　　　　陈　迪　孙　凯　包　敏　李　威　黄永康　杨　普
项目地点：上海市青浦区
设计时间：2012年～2016年
竣工时间：2016年12月
用地面积：10.9134万平方米
建筑面积：7.309万平方米/地上6.3945万平方米/地下0.9144万平方米
班级规模：70班

合院校园

■ 理想的学习环境应该是能提供寓教于乐及生活学习机会的空间，应是能
让学生在生活经验中学习，从学习中体会生活的空间。最好的学习不是发
生在教室，而是在某些不期而遇的角落，学生之间的讨论，老师与学生的
自然交流，是一个连续且活泼的环境。设计自空间和景观两个维度出发，
从传统学院中提炼合院式建筑布局形式，融合项目所在地域"江南"的典
型空间元素"街巷"与"庭园"以及江南特有的园林，力求创造一所江南
顶尖的中学。

■ 设计打破以往平行排列的教学楼，以涵盖主要教学空间的"L"形教学楼
围合形成一个合院，进而确立校区主要活动空间集于教学楼之中，并将
以往校园生活区与学习区分割的做法改善，将生活宿舍区及公共教学用房
布置于教学楼中，使学生可以自由地从居住生活空间出入到教学楼，从而
创造一个积极的校园空间。规划又以东南一西北为主轴，沿主轴自南向北
依序排列行政楼、图书馆及会堂。校园内的公共交通空间穿梭于建筑群体
之间形成"街"，而建筑群体之间的外部空间尺度各异，又形成点缀在群落
中的"庭"。庭中撷取"瓦"、"竹"、"水"、"荷"等江南园林元素，形成
精致的景观小品，提高了校园空间品质。沿西侧水系自北向南布置体育场
地及体育馆，变电站等设备用房规划置于远离教学与日常活动区域。

■ 校园南侧入口

■ 图书馆俯视图

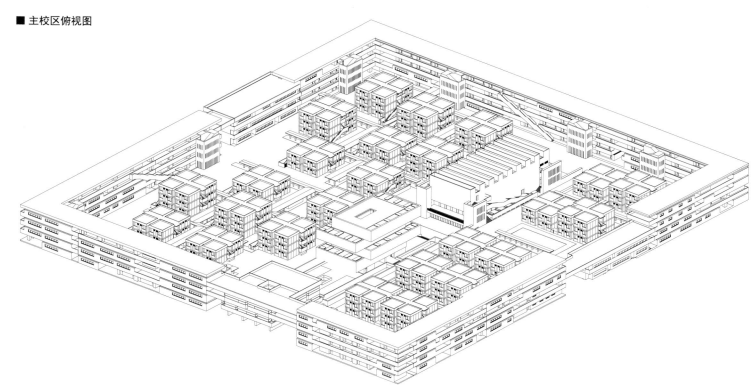

主要教学空间等围合形成"合院"

公共交通空间穿梭于群落建筑,形成"街"

群体建筑的外部空间尺度各异,形成"庭"

■ 项目建设以东南为主向立面布置教学楼,以4个"L"形教学楼布置四个角落,围合一个方正完整的校园空间。主要公共教学用房等学生活动空间集中于校园空间中央。学生食堂及教职员食堂位于教学楼东西两边。公共教学用房配合教学楼整体布局,以南面为主入口依序由南至北排列办公楼、图书馆及礼堂空间,其中插入布置许多活动广场,使学生可以自由地在里面组织学生活动,校园未来举办活动也可使用。生活用房及宿舍考虑日照要求,和校园景观布置于教学楼内侧及校园中心周边,从而使活动空间学生生活空间和学习空间之间成为连续不间断的空间。在宿舍区运用水景景观空间,使其成为校园内师生的公共生活中心。

1　初中部教学楼
2　初中部宿舍楼
3　初中/高中食堂
4　高中部宿舍楼
5　体育馆
6　高中部教学楼
7　行政中心
8　图书馆
9　国际部教学楼
10　国际部宿舍楼
11　国际/教师食堂
12　教职员宿舍
13　艺术中心
14　变电站

■ 总平面图

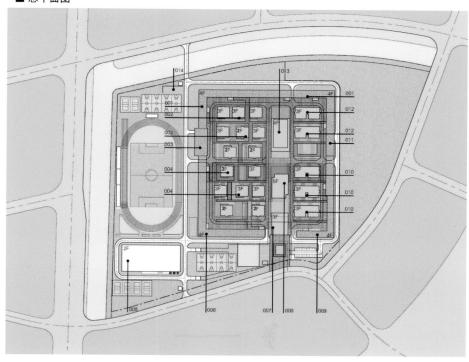

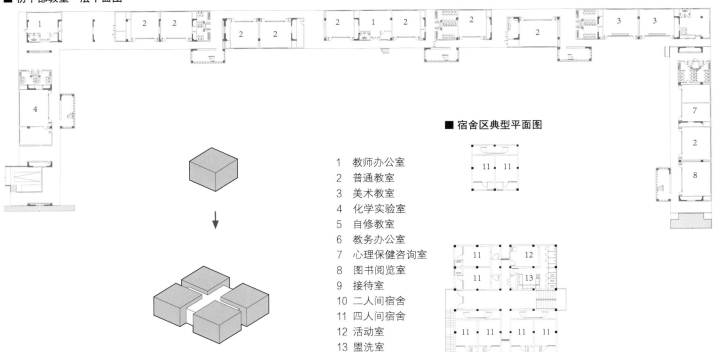

■ 初中部教室一层平面图

■ 宿舍区典型平面图

1　教师办公室
2　普通教室
3　美术教室
4　化学实验室
5　自修教室
6　教务办公室
7　心理保健咨询室
8　图书阅览室
9　接待室
10　二人间宿舍
11　四人间宿舍
12　活动室
13　盥洗室

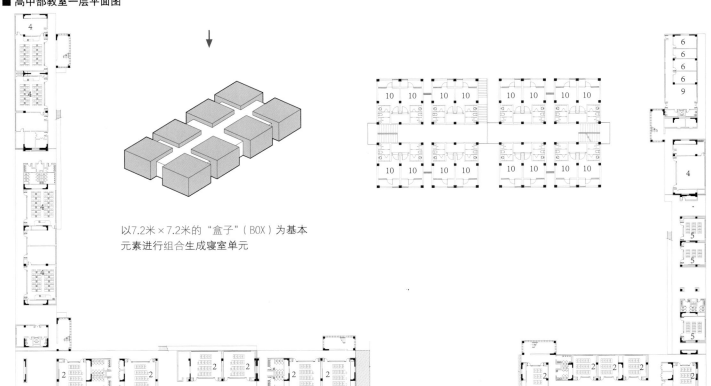

■ 高中部教室一层平面图

以7.2米×7.2米的"盒子"（BOX）为基本
元素进行组合生成寝室单元

■ 教学楼西侧

行政楼南侧

瓦塘角度校园

■ 荷塘角度校园

高中部宿舍楼

教学楼外廊

■ 校园中轴线局部

■ 体育馆

■ 图书馆南侧

■ 会堂

■ 会堂室内

■ 中心区体块生成过程图

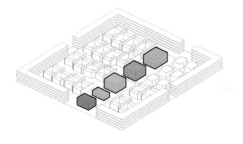 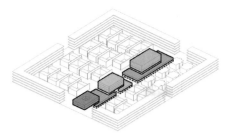 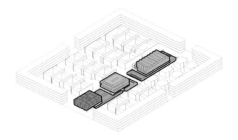

■ 中心区剖面图

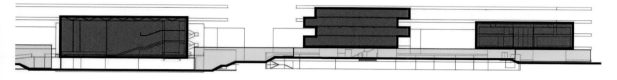

办公来访
心理、网络
图书阅览
社团、声乐
表演剧场

■ 中心区地下一层平面图

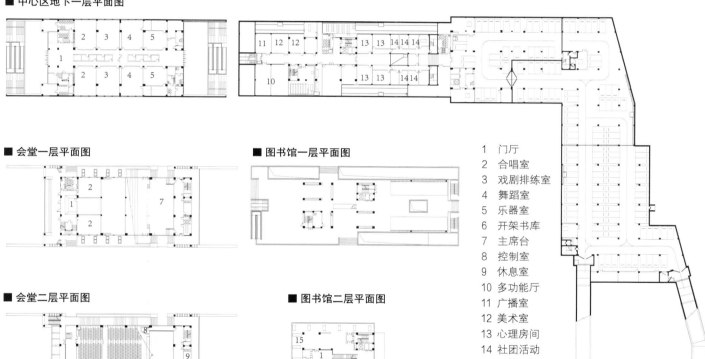

■ 会堂一层平面图

■ 图书馆一层平面图

■ 会堂二层平面图

■ 图书馆二层平面图

1 门厅
2 合唱室
3 戏剧排练室
4 舞蹈室
5 乐器室
6 开架书库
7 主席台
8 控制室
9 休息室
10 多功能厅
11 广播室
12 美术室
13 心理房间
14 社团活动
15 阅览空间

专家点评

■学校一改传统行列式、单体化的规划建筑布局，采用了低层高密、散点式等具中国传统城市特点的格局，给校园规划带来了新的思路与启发。

■这个校园对生活区、教学区、公共区的各种功能进行了整合优化，形成了以公共建筑为轴、教学用房外部包裹、宿舍建筑城内散落的典型城市格局，体育场所则放置于城外。在这样一座理想之城中，学生可以自由地从宿舍连接到教学楼、从食堂来到图书馆，路径随意而多样，校园内的公共交通空间穿梭于建筑群体之间形成"街"，而建筑群体之间又充满着各种小巧而灵动的交流空间，形成点缀在群落中的"庭"，这创造了一个朝外充满安全感、向内又丰富积极而开放的校园空间。

张健

■ 会堂剖面图

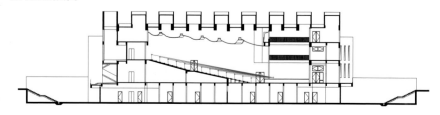

■ 校园正入口

无 锡 天 一 实 验 学 校
WUXI TIANYI EXPERIMENTAL SCHOOL

设计单位：同济大学建筑设计研究院（集团）有限公司
设计人员：王文胜　黄　俊　王海燕　乐　毅　黄倍蓉　陆　平
　　　　　陆　晔　周致芬
项目地点：无锡锡东新城
设计时间：2010年6月
竣工时间：2012年12月
用地面积：6.4752万平方米
建筑面积：6.2198万平方米/地上5.8433万平方米/地下0.3765万平方米
班级规模：48班

交流的校园

■ 二十一世纪，中学校园不仅是传授科学知识的场所，更是陶冶品行情操，全面提高各方面素质的生活环境。学生的学习也不仅仅局限于课堂之上，而是贯穿在整个校园生活的全过程之中。因此，设计突破了传统的轴线式校园布局模式，通过设置一条贯通南北的交流长廊，将教学办公区、生活后勤区、体育运动区有机整合在一起，充分突出交流空间的重要性，为师生们构建一种灵活多变、开放交流、整体有序的特色校园。

传统与现代相结合的校园

■ 学校地处无锡这一既具有深厚文化底蕴，又在现代化道路上飞速发展的城市。因此设计在总体布局、建筑造型等方面充分考虑江南水乡的地域特色与简洁明晰的现代风格，营造出健康、轻松、愉悦的学习氛围，加强学生对学校的认同感和归属感。

绿色生态的校园

■ 无锡天一实验学校采用许多生态节能技术和环保耐用的建筑材料，旨在打造绿色生态的校园空间：建筑采用较为简洁的形体，减小体形系数。设计结合当地气候特征，大量采用敞廊，在炎热的夏季起到遮阳的作用。建筑外墙采用ALC加气混凝土砌块自保温墙体材料，保温效果良好，且材料防火性能佳。体育馆、合班教室、地下车库等建筑设置屋顶天窗从而改善室内光环境。建筑内部设置多个内庭院、景观广场和屋顶绿化平台，从而塑造出生态绿色的校园环境，为师生营造舒适愉悦的学习氛围。

■ 鸟瞰图

■ 教学楼西侧

■ 校园总平面图

1 行政楼	3 实验综合楼	5 食堂综合楼	7 浴室及教师宿舍
2 教学楼	4 体育馆	6 学生宿舍	8 操场

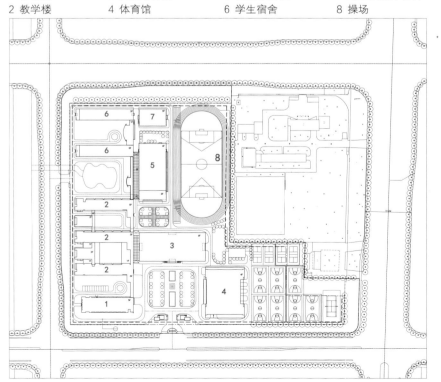

■ 教学楼一层平面图

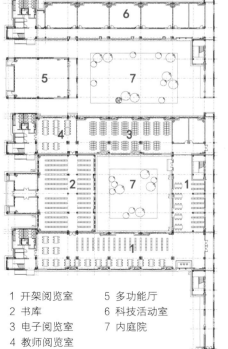

1 开架阅览室	5 多功能厅
2 书库	6 科技活动室
3 电子阅览室	7 内庭院
4 教师阅览室	

■ 教学楼内庭院

■ 交流长廊

■ 教学楼二层平面图

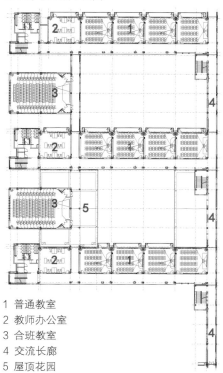

1 普通教室
2 教师办公室
3 合班教室
4 交流长廊
5 屋顶花园

■ 体育馆东侧

■ 体育馆西侧

■ 交流长廊内彩色的斜窗洞增加趣味和活力

交流长廊连接教学区与生活区

■ 从操场看食堂综合楼

■ 体育馆室内

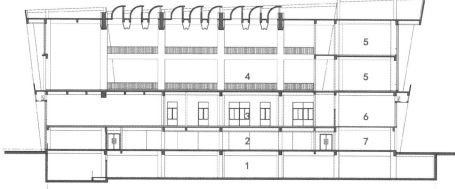
■ 体育馆剖面图

1 机动车停车库 2 非机动车停车库 3 乒乓球室 4 风雨操场 5 舞蹈房
6 活动室 7 办公室

专家点评

■ 教学、生活、活动三个主要功能区，通过一中轴线进行联系。学校主入口处由三边建筑围合成的大型广场，可以有效解决学生上下学的人流集中问题。生活区和教学区采用了较大尺度的庭院空间，互不干扰，使整体功能分区清晰。结合单体功能和学生的活动特点，设计了多个大小不同的室外庭院空间，让学生在不同课程之余有多种活动和交流场所。

■ 采用现代的建筑造型手法，整体暖色基调，利用建筑构件的穿插，形成较强的光影效果，结合不同建筑的功能，局部大面积玻璃的对比，使整个建筑具有现代气息。建筑各部分的比例、尺度运用合理，体育馆的向上外挑体现了其功能性。建筑连廊间采用的菱形开孔和窗户，配合大胆的局部鲜亮色彩，形成了多个建筑特有的半开敞空间，为师生的教学生活增添了情趣。

张述诚

■ 内庭院

■校园中部内院实景

苏州实验中学
SUZHOU EXPERIMENTAL MIDDLE SCHOOL

设计单位：同济大学建筑设计研究院（集团）有限公司
设计人员：曾　群　文小琴　张　艳　汪　颖　李荣荣　余子碧　吴树勋
　　　　　余思谨　陈　凯　施锦岳　肖　蓝　邵华厦　叶耀蔚　徐建栋
　　　　　施国平
项目地点：江苏省苏州市金山路76号
设计时间：2013年11月～2014年6月
竣工时间：2016年5月
用地面积：6.2487万平方米
建筑面积：7.551万平方米/地上5.6484万平方米/地下1.9026万平方米
班级规模：48班（含国际部4轨12班）

设计背景
■ 苏州古城西畔，苏州高新技术开发区狮山片区,坐落着一所重点高中——江苏省苏州实验中学。本项目是该校的原拆原建工程。如何在严格的中小学校建筑设计规范和教育模式的限制下，通过一个新的书院模式的探索，释放出苏州独有的传统温度与活力是本项目的重点。

设计理念
■ 江南园林或书院中半开放的聚落式公共空间，与实体的建筑形成了一种相互交融与介入的状态，这与现代校园建筑对于半开放的活动空间的需求不谋而合。方案从建筑布局形态上汲取了江南书院式富于层次的空间体验和围合式布局的特点，并采用连续坡屋面呼应江南地区曲折连续的民居聚落形态。园林的空间精髓之一体现在庭、廊、园等空与半空的趣味空间塑造上，校园中学生活动、嬉戏、交流等不同尺度的场所也同样需要类似的开放性和趣味性，这些场所可以被赋予与园林相似的体验。建筑方案将苏州园林中的这几类空间进行合理转译，将园林趣味性注入到校园之中，从而形成多层次的校园空间体系。

总体布局
■ 在总体布局上，根据校园动静分区、沿街面塑造、公共空间等方面进行综合考虑，确定了"一轴双廊五区"的整体布局；"一轴"，以校园中心场地与建筑形成南北轴线；"双廊"，在主轴两侧辅以"观书廊"、"体艺廊"两条步行廊道，有机地串接起校园各功能分区，加强了校园的整体性；"五区"，根据校园功能要求及场地条件，我们将主要教学用房置于基地东侧，活动场地置于校园西侧，将校园分为五大功能区：行政办公区、教学院、运动区、生活区及休闲区，五个区域既互相独立又彼此紧密相连，动静结合、虚实对应。

景观空间
■ 项目景观设计注重表达景观与建筑空间的整体性、共享性与渗透性。根据校园不同庭院空间的特性，结合传统苏州园林常见的"园"、"庭"、"台"等特色空间，塑造出饱含深厚历史底蕴、富有活力的校园景观空间，并通过合理搭配植物品种达到四季景异的效果。

立面设计
■ 建筑主要墙面采用浅白色手抄漆，屋面采用深灰色瓦屋面，与苏州传统建筑青瓦白墙的意向相呼应；公共廊道采用木格栅，通过对传统花窗合理的抽象简化，既保留了传统木构的韵味，同时又具有现代气息；在体艺楼、图书馆及庭院局部，采用混凝土空心砌块层层错叠，形成镂空墙体，营造隔而不断的园林空间效果。

■ 整体鸟瞰实景

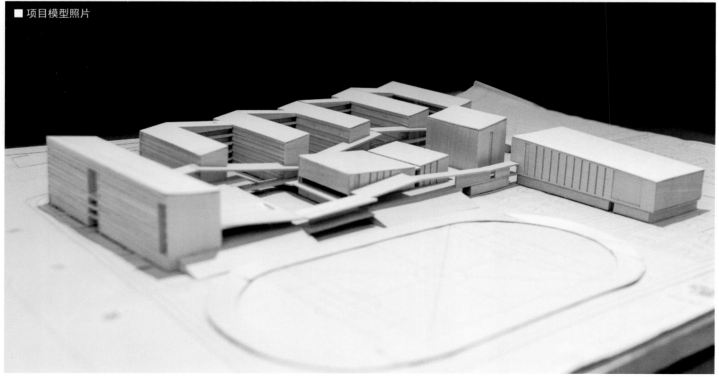

■ 项目模型照片

■ 中心庭院实景

■ 总平面图

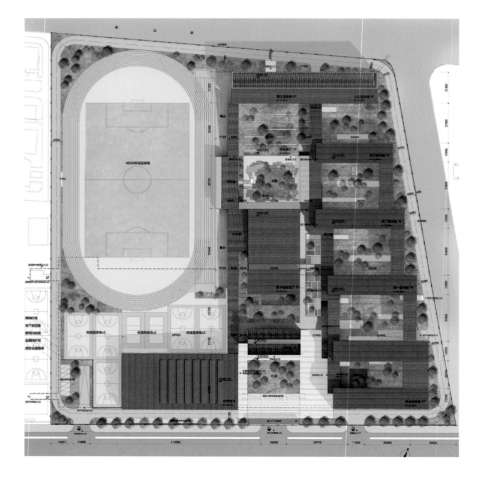

■ 传统空间的转译关系

庭 →

廊 →

 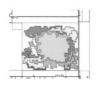

园 →

■ 一层平面图

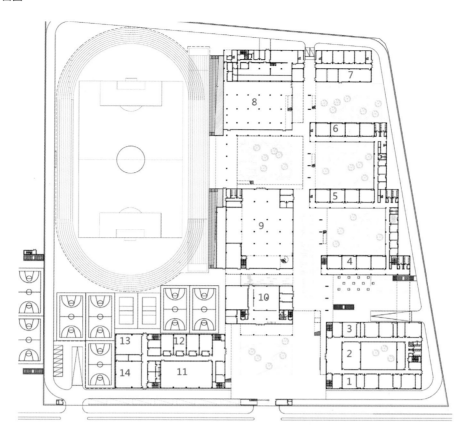

■ 二层平面图

1　化学实验室
2　录像室
3　生物实验室
4　高一教室
5　高二教室
6　高三教室
7　校园超市
8　学生餐厅
9　图书阅览室
10　校史馆
11　乒乓球室
12　音乐教室
13　舞蹈教室
14　多功能馆
15　物理实验室
16　学生宿舍
17　教工餐厅
18　报告厅
19　教工阅览室
20　行政办公
21　篮球馆
22　羽毛球馆

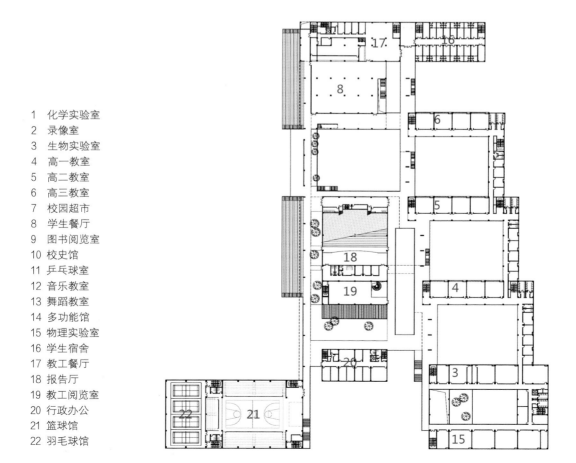

■ 剖面图

■ 食堂局部实景

■ 二层平台实景

■ 校园西侧全景

■ 教学楼内院实景

■ 教学楼连廊实景

■ 综合实验楼内院实景

■ 教学楼连廊局部实景

■ 体育馆室内实景（摄影师：章勇）

专家点评

■ 整体动静分区明确，总体布局以交通连廊等辅助空间将学校的各部分紧密联系在一起，规整的布局中结合用地采用了错位的手法，使布局产生变化。通过各个建筑的组合，形成了半开敞式的室外空间，结合室外景观设计，采用苏州园林中"园"、"庭"、"台"等特色空间，使室内空间与室外空间互相渗透，形成多个封闭、半开敞、开敞的建筑空间，为师生提供了良好的室外活动和交流场所，充分体现了江南园林、书院的空间关系。

■ 建筑造型上利用了连续折线形的坡顶，采用白墙青瓦的江南建筑色彩，将建筑群落有机结合起来。结合不同的建筑功能和室外建筑空间，利用局部的木格栅、镂空墙体等，采用江南园林中常用的隔而不断的手法，将建筑立面与空间设计有效统一起来。同时，局部建筑公共空间的木纹等暖色调，具有亲切感。

张述诚

■ 体育中心（篮球馆及游泳池）

新江湾城上海音乐学院实验学校
SHANGHAI CONSERVATORY OF MUSIC EXPERIMENTAL SCHOOL

设计单位：同济大学建筑设计研究院（集团）有限公司
设计人员：章　明　张　姿
项目地点：上海新江湾城D区2号地块
设计时间：2007年11月
竣工时间：2009年9月
用地面积：3.3046万平方米
建筑面积：2.5426万平方米
班级规模：小学部20班，初中部24班

■ 新江湾城上海音乐学院实验学校的设计策略是基于以下基本命题：即如何应对环境的冲撞、挤压与牵制以及如何在现成环境中实现突破并谋求最终的平衡。

策略一

■ 在相对开放的城市宽松性背景下寻求锚固的策略。校区的区位条件极具景观特征，因此，设计结合周边环境要素，将自身的错落体量空间开合同周边环境要素相对应：增强其景观性、标识性、沟通性与渗透性。

策略二

■ 在松散开放的城市环境背景中融合与延展的原则。设计吸取传统"院落"精神之精粹，将常态的集中式空间组织向均好性与人性化的院落格局演变。发挥空间组合的灵动优势，最大限度地为交流与互动提供可能性平台。

策略三

■ 在黏合与流动张力结构下的渗透性平衡。建筑寻求的是突破固有的平面化的条块分割模式，以全方位立体化的空间体系、交通体系、景观体系架构起校园网络体系的新形式，实现建筑与环境的黏合度与流动性的平衡。

■ 校主入口

■ 总平面图

■ 一层平面图

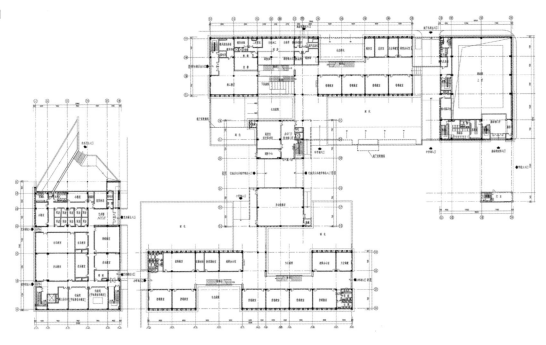

■ 二层平面图

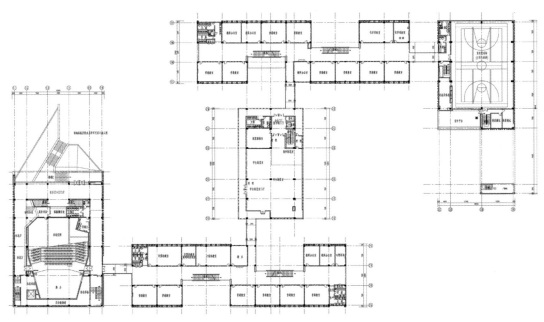

■ 沿湖畔校园全景

■ 校内下沉院落

■ 三层平面图

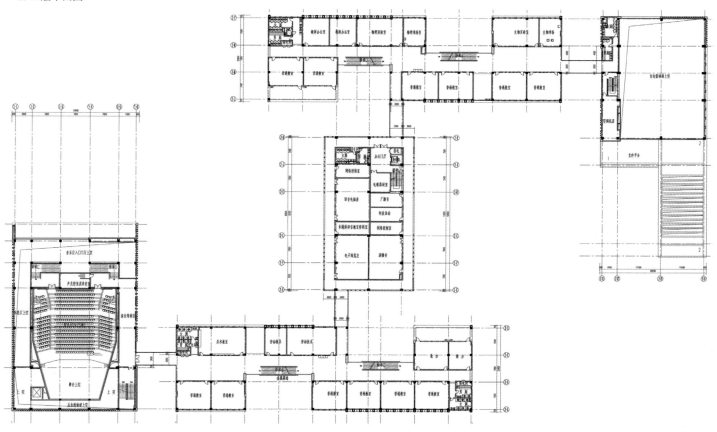

■ 剖面图

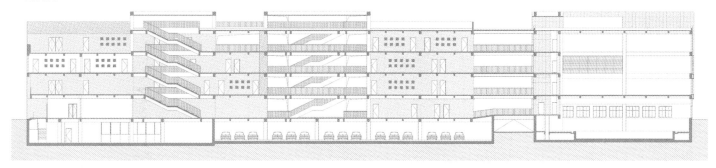

■ 下沉院落及教师、学生餐厅

■ 室内游泳池

■ 艺术楼

■ 从操场方向看教学楼群

■ 艺术楼西立面

■ 艺术楼西侧

■ 音乐厅室内

专家点评

■新江湾城上海音乐学院实验学校的建筑布局强调在基地区位景观较为宽松、优越的条件下的景观性、渗透性；建筑在城市环境中，以符合城市肌理的构成方式反映城市风貌；校园空间突破固有平面化的条块分割模式，以立体化的空间体系、交通体系、景观体系架构起校园网络体系。

■总体布局灵动与环境渗透结合较好，体量空间的错落开合同周边环境要素对应；公共空间均好性与共享性兼备；同时，立体的空间体系也极大丰富了校园空间层次，增强了交流体验感受。建筑体量简洁，室内外空间统一性强。

任力之

■ 校园全景

上海市第二师范学校附属小学
SHANGHAI SECOND NORMAL SCHOOL AFFILIATED PRIMARY SCHOOL

设计单位：上海经纬建筑规划设计研究院股份有限公司
设计人员：张述诚　潘毅欣　王国祥　李　俊　陈洁华　李宸晓　周　雄　陈申杰
　　　　　刘　源　万海峰　李　怡　高　文　赵　锋　吴　娟　孙同贵
项目地点：上海市杨浦区
设计时间：2014年11月
竣工时间：2016年12月
用地面积：0.7972万平方米
建筑面积：1.4465万平方米/地上1.1726万平方米/地下0.2672万平方米
班级规模：30班

建筑规划理念
■ 遵循"以人为本"的设计理念，满足"造价不高，水平高，面积不大，功能全"的要求，以成为杨浦区设施配套现代化、教学环境生态化的一流教育服务设施。

空间有机生长
■ 在上海市中心城区寸土寸金的土地内寻求符合现代小学教育理念的解决办法。结合有限地形合理布置建筑与场地，处理相互之间的关系，充分利用地下空间和下沉式庭院，通过南侧城市道路，建筑高度从南到北递增成阶梯状，分为三个建筑形体1#、2#、3#。把普通教学空间设置在一至四层南向范围内，部分教学辅助教室设置在北向；而将地下空间设计为停车区和后勤服务区，满足教师停车和学生教职工就餐等需求；将毗邻南侧城市道路的建筑1#形体设计为学校门厅（1层）、图书馆（2~3层）、多功能报告厅（4层）；在2#形体的5层设置了一座风雨操场；另外将学校所有行政办公等空间设置在3#形体5层以上。

生态化校园
■ 以生态环保意识为指导，人与自然共存。充分利用绿地、植物、室内水池、山石以及建筑空间营造，产生高雅、有文化氛围、有活力的校园环境，并在单体布局中，尽可能满足节能通风和环保的要求。充分使人工建筑与自然环境相融合，突出建筑群布置的层次感，同时加强校园环境景观的配套设计，体现校园花园化、生态化。

信息化校园
■ 以所处时代特征为指导：总体布局采用有利于学科交叉、资源共享的细胞模式系统化布局。改善各功能单元封闭独立的传统布局，以整体集中，个体独立的方式，既满足学科交叉、高效便捷的要求，又满足各局部功能相对独立的要求。

人文化校园
■ 人文化就是以人为本，在校园规划中充分考虑并且尊重使用者的物质追求和精神需求，创造既能满足师生学习要求，又能激发交流创造的空间与场所。主要包括：强调环境育人，重视公共空间与室外环境的创造和优化，建构多层次的交往场所；依据尺度人性化、以人为本、步行优先等原则，组织多个交往空间及学校教学中心区的公共空间；创造适合学习交流融合的教学建筑群体空间。

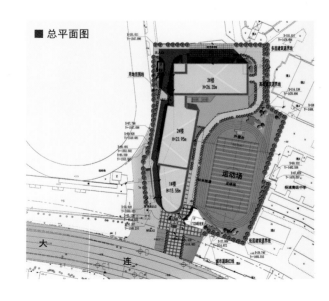

■ 总平面图

■ 运动场

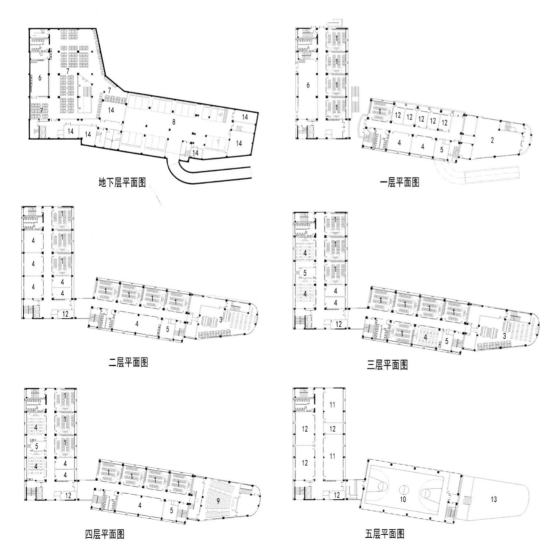

地下层平面图

一层平面图

二层平面图

三层平面图

四层平面图

五层平面图

1 普通教室
2 学校门厅
3 图书室
4 专用教室
5 专用教室辅房
6 专用厨房
7 学生餐厅
8 地下停车库
9 多功能报告厅
10 风雨活动区
11 课外兴趣室
12 教师办公
13 屋顶花园
14 设备用房

■ 本项目采用教学综合体模式，突破用地面积狭小、地块不规整的问题，采用不同功能分栋处理的模式，把所有学校教学空间整合到1#、2#、3#形体里，最大限度地整合建筑空间，缩短教学流线，提高使用效率。

■ 在功能设置上，充分考虑现代小学教育的特点，根据空间的使用频率进行组合，使用频率越高则流线越短。将普通教室和辅助教室等高频率空间组成教学组团（2#、3#形体内），保证正常教学活动在组团内完成。专业教室、图书馆、多功能报告厅、风雨操场等低频率使用的空间布置则相对独立，尽可能方便对外开放。

■风雨操场图

■乐高机器人室

■生活化教室单元

■图书室

■ 西立面图

■ 北立面图

■ 1#立面图

■ 东立面图

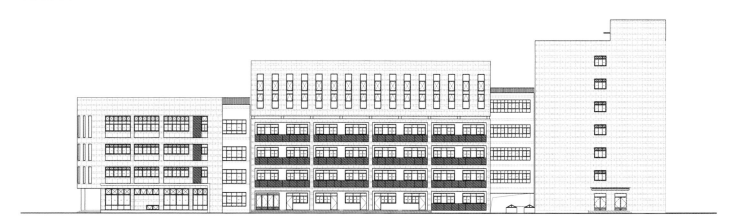

专家点评

■在老城区内的狭窄用地中进行中小学的设计是一个极大的挑战。本校"教学综合体"模式的设计较好地应对了这一挑战。根据空间使用频率设定流线长度布局各功能，提高了"综合体"的使用效率，并兼顾到体育等设施的对外开放可能性，有利于社会资源的充分利用；

■在用地极度紧张、建筑极端紧凑的情况下，设计最大限度地营造了丰富多变的室内空间以及屋顶绿化空间，以符合小学生生长发育、心智培养的环境需要。

■白璧微瑕之处：室外空调机的隐蔽设计尚不够到位，对最终建筑立面效果有一点影响。

张宏儒

■ 校园操场一侧

杭 州 聋 人 学 校
HANGZHOU DEAF SCHOOL

设计单位：上海经纬建筑规划设计研究院股份有限公司
设计人员：蒋朝晖　张述诚　陈微　江涌　黄斐　王建玲　杨石宇
　　　　　李怡　李弘　刘源　杨帆　赵锋　刘光
项目地点：杭州市下沙经济开发区内，乔新路以东、新南路以南
设计时间：2013年7月
竣工时间：2017年11月
用地面积：6.68万平方米
建筑面积：4.41万平方米/地上3.57万平方米/地下0.84万平方米
班级规模：学前部6个班，小学部12个班，初中部16个班，职高部8个班，
　　　　　共42个班

■ 杭州聋人学校是浙江省历史最为悠久、办学规模最大的一所聋人教育学校。学校集学前教育、九年义务教育、高中教育为一体的综合性特殊教育的学校。
■ 该项目是对原校建筑群的拆复建，由于建筑设计功能用房种类繁多，包括教学及教学辅助用房、行政、后勤和生活用房、体育场等，还设有康复活动室等专用教室。
■ "精工筑人，智慧育人"。聋人学校的教育对象是一群特殊的孩子，听觉上的缺陷使这些孩子在其他感官上更加敏锐，设计从孩子的生理和心理的双重角度出发，力求营造一个温馨和谐的家园式校园。在建筑上通过一个风雨连廊的主轴把不同功能的多个庭院空间组合起来，方便师生出行，建筑注重细节的安全设计，柱体防磕碰、装饰材料无毒无味，尽可能选择纯天然材料。针对聋哑人设置的专用房间，包括律动、语训、体育康复、耳膜制作室等，为学生提供良好的受教育环境，让他们对生活充满信心，掌握更多的文化知识，培养良好的心理素质，更好地适应社会。
■ "寄情于景　寄情于筑"该项目建筑风格为新中式建筑，既很好地保持了传统建筑的精髓，又有效融合了现代建筑元素与现代设计因素，改变了传统建筑功能使用，给予重新定位。通过对建筑空间的创造组合，实现"框、引、藏、廊"的中式空间，提炼建筑神韵，给人带来有趣的空间体验。

■ 校园鸟瞰

校园正门

杭州聋人学校

校园鸟瞰

■ 教学区一层平面图

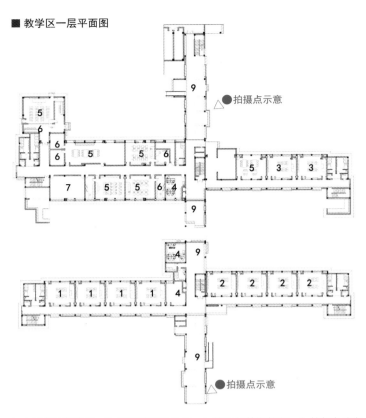

1 小学部普通教室　2 中学部普通教室　3 职高部普通教室　4 教师办公室
5 专用教室　　　　6 专用教室辅房　　7 总务仓库　　　　8 图书阅览室
9 风雨连廊

■ 风雨廊道水景

■ 一层风雨廊道

■ 借鉴中式园林建筑的设计手法，串联起各功能模块的校园街是一条具有空间开放性与多样化的风雨连廊，在增强校园交通连接便利的同时，也为全校师生提供了公共交流空间，成为校园中最具活力的地方。

■ 教学区二层平面图

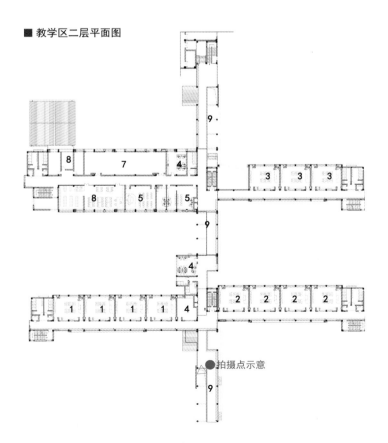

■ 二层风雨廊道

风雨操场使用实景（摄影：苏圣亮）

风雨操场北侧楼梯（摄影：苏圣亮）

■ 东南角入口楼梯使用实景（摄影：苏圣亮）

■ 风雨操场室内（摄影：张佳晶）

■ 中央楼梯间（摄影：苏圣亮）

■ 东南角入口楼梯（摄影：苏圣亮）

■ 通往风雨操场双廊（摄影：苏圣亮）

■ 架空层（摄影：苏圣亮）

■ 庭院内部实景（摄影：苏圣亮）

专家点评

■自建成以来，上海德富路中学就成了设计界的明星项目，这得益于建筑师对教育本质的深刻追求与探索，并与他自始至终对设计本身的坚持分不开。

■不得不说，尽管本书以"新时代"命名，但现行的《中小学设计规范》却还是基本沿用着旧模式的窠臼，新版与十几年前的老版之间，只不过存在着小范围的修修补补，旧模式阻断了人们对于教育本质的思考，常常会带给设计师一种不假思索的模式化设计。可如果我们抬眼望望世界范围内的中小学建筑就会发觉，教育建筑还是要回归到教育心理学的本质上来，教育方法与模式的变革才应该是引领设计的首要前提。

■上海德富路中学通过自由舒展的楼梯廊道、教室的内外双廊、层层跌落的屋面、底层连通的"田"字形庭院，创造了一个自由而丰富的三维漫游系统。尽管基地狭小而局促，但身处其间的孩子们却能够感觉多样的丰富，就如同在一个巨大而精致的游乐场，同时，这也带来无所不在的沟通与交流场所，促使教育从教室扩散开来，改变了所有学生对于校园刻板的第一印象，间接地改善学生们对于枯燥学习的畏惧。

任凭

■ 教学楼北立面全景

天津市西青区张家窝镇小学
TIANJIN XIQING DISTRICT ZHANGJIAWO TOWN ELEMENTARY SCHOOL

设计单位：悉地（北京）国际建筑设计顾问有限公司 直向合筑建筑设计
　　　　　咨询（北京）有限公司
设计人员：董　功　吕　强　王　楠　朱爱理　胡志亮　郭雪妍
　　　　　段　非　林石斌　张　克　黄　艳　黄永刚　林清霖
　　　　　岳远波　刘晓琳　刘云晖
项目地点：天津市西青区张家窝镇
设计时间：2008年12月
竣工时间：2010年8月
用地面积：3.7万平方米
建筑面积：1.73万平方米/地上1.5944万平方米/地下0.1356万平方米
班级规模：48班

光之小学

■ 阳光似孩子那般纯真在空间中尽情"玩耍"：时而蒙上自己
的眼睛，只露出指缝间的一点明媚，时而好奇地张望透出雪般
的纯净，时而忽闪着睫毛，牵引着波光粼粼的剪影……

■ 设计师希望在这个小学设计中着眼于对于"教"与"学"这
种生活方式对于空间的需求，尝试提供学生和老师，学生和学生
之间充分而富有层次的交流的机会和场所。在我们看来，这是
当前国内的教育建筑的模式化设计中所缺失的要点。

■ 小学的规模为48班，主要功能包括普通教室、专业功能教室、
食堂、风雨操场、办公室、室外活动场地。设计起始于对交流空
间的行为和空间模式的研究和分析。为了寻求最合理的空间功能
布局，设计师在过程中进行了一系列手工模型研究。最终我们将
一个共享的交流"平台"设置在二层，它像三明治一样被一层和
三四层的普通教室夹在中间，最大程度上带来该空间使用的易达性
和必达性。各个年级交叉，教学形式相对自由，师生和学生之间
交流互动最频繁的专业功能教室则成为这个交流"平台"的功能
载体。

■ 整个建筑活力最强，能量最集中的空间通过一个中庭在顶部
获取自然光和加强自然通风，同时它延伸出室外，和位于其南
侧的一层绿色屋顶平台相通，成为连接建筑各部分和教学楼前
后景观的一个中心枢纽。由于功能的特殊性而带来的立面材料
和开间节奏的特殊性，构成该建筑鲜明的室外视觉特征。

■ 设计中倡导运用一系列的绿色环保措施，主要包括地源热
泵、绿色屋顶、可渗透景观、自然通风和采光最大化等。

■ 设计模型1

■ 首层平面图

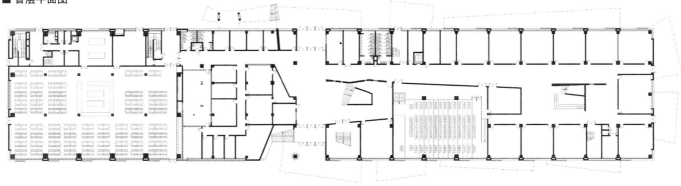

■ 二层平面图

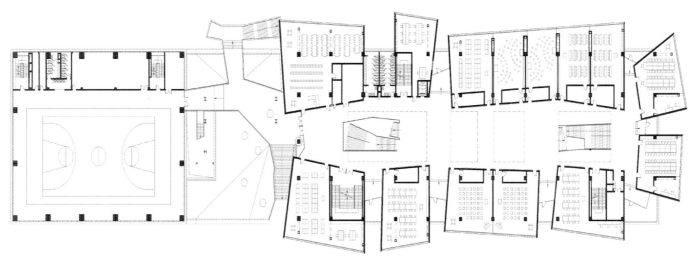

■ 三层平面图

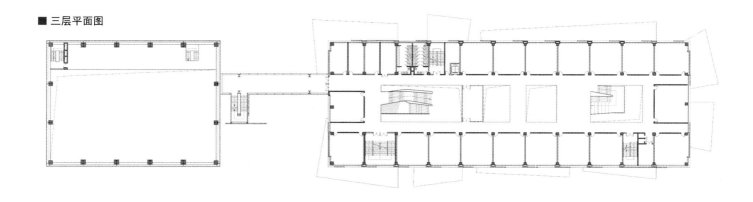

■ 剖面图

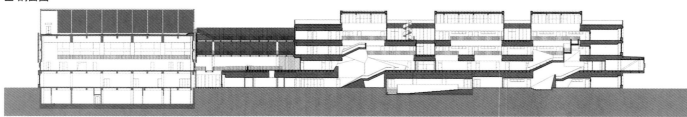

■ 设计概念及草图

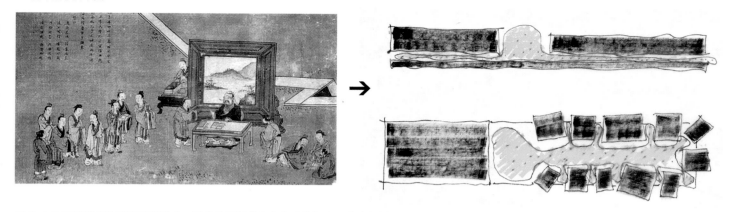

■ 自古交流是教育的重要承载形式，而学校是提供集中交流的场所，其中包括师生之间和学生之间的交流。"交流"是这所学校设计的重要概念关键词。概念草图从平面和剖面两个角度，表达了对于处理小学中央交流空间和其他功能空间之间关系的设想。

■ 设计模型2

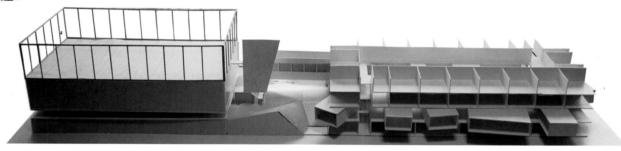

■ 围绕"交流"这个关键词，通过类型的比较与研究，将学生的交流活动集中在一层，而教学形式相对自由，师生和学生之间的交流互动最为频繁的专用教室则成为这个交流层的载体。这一层成为整个学校活力最强、能量最集中的地方。同时，它还延伸出室外，成为连接教学楼与风雨操场以及教学楼前后景观的一个中心枢纽。

■ 总平面图

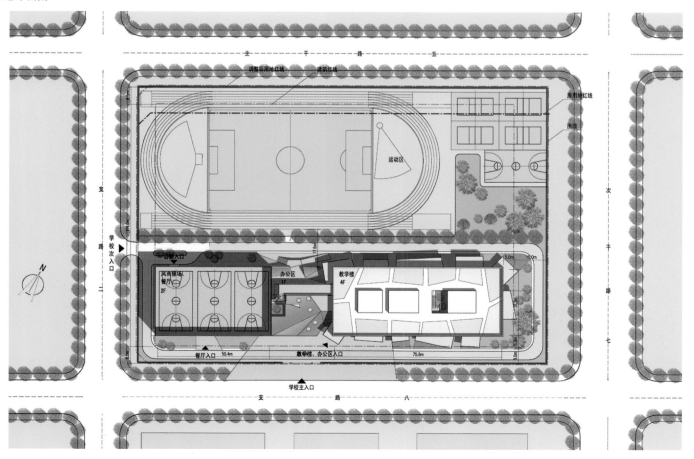

■ 主楼教室北侧夜景

■ 主楼教室区南立面

■ 主餐厅和屋顶篮球场

■ 二层室外连廊

■ 三层架空连廊

■ 首层入口大厅

■ 二层大厅

■ 室内楼梯

专家点评

■ 该项目通过类似"三明治"等一系列的设计手法，营造了一个非常有趣的楼梯交通环境，形成该学校建筑比较独特的个性和气质。

■ 设计打破小学建筑的常规设计手法，不局限于满足实现基本的功能布局，在交通、交流的空间方面进行大胆的尝试，通过大尺度的中庭空间设计，水平和垂直串联各个功能空间，为孩子们创造一个流动的、充满阳光的交流空间，造就一个充满色彩、温暖、趣味的场所。

■ 项目用地规整、有限，建筑平面及剖面在一个大的规整的、长方形构图的框架里，在建筑的内部空间进行变化，公共空间通过使用折线、变形等手法，通过变化丰富的楼梯、中厅和明快丰富色彩使用，使空间充满变化，从而形成了一个既理性又充满感性的设计。

■ 建筑造型形态整体，内外形体关系协调统一。在总体造型规则的基础上，在公共空间的"三明治"部分进行内外变形处理，对比强烈，产生了充满了变化但又合乎逻辑的效果。建筑色彩结合小学生的使用特点和北方建筑的特质，色彩使用大胆、活泼、生动、和谐。

仰军华

醴 陵 第 一 中 学 图 书 馆
THE LIBRARY OF THE FIRST HIGH SCHOOL OF LILING

设计单位：上海建科建筑设计院有限公司
设计人员：张宏儒 王 丹 戴 旻 倪雪卿 魏 毅 薛 嵩 杨莉婷
　　　　　包 炜 郑 华 刘立华 梁晓丹 阮雷杰 郁文佳
项目地点：湖南省醴陵市
设计时间：2012年11月
竣工时间：2014年10月
用地面积：0.365万平方米
总建筑面积：0.4443万平方米/地上0.4334万平方米/地下0.0109万平方米

因地制宜的绿色设计
自然
■ 青云山顶，大树成林，主要有常绿的香樟和落叶的枫杨，有几株香樟的树龄已100～150年。瓷城的市区中心有一座古木参天的小山，十分宝贵。面对数代同堂的"树家族"，我们感到它们才是这里的主人，我们只是向它们借用一下这片土地。设法保留基地原有的全部大树，将建筑布置在没有树木的空隙里。原有的两座旧建筑基本上都被高大树木所包围，主要的空隙，就是被拆除的宿舍楼占据的位置。设计的一个重要目标是培养学生的绿色理念，所以让学生参与回收旧砖劳动。
功能
■ 图书馆是阅读的场所。表达这样一种观念：阅读是一件愉快的事，无须依赖"黄金屋"和"颜如玉"，阅读本身对人就有积极的意义。我们希望将图书馆设计成一个轻松愉快的阅读空间。大树下幽静的入口，让学生们马上感受到"书院"特有的气氛。进入核心空间"树厅"，各个功能区清晰可见，均可便捷到达；门厅还具有交流、休憩的功能。在阅览室集中的二、三层，其南面走廊外侧又增加了一个通高二层的读书廊。由于此部位基地外有高大的树木和紧临的其他建筑，因此读书廊采用了通高的大玻璃窗，以获取最多的自然照明。
文化
■ 图书馆外墙框架采用素雅的混凝土原色，灰色窗框"盒子"与红砖墙面错落有序地排列，整体有"书架"的意象；老馆西侧的轮廓与道路关系不够理想，就用了一组屏风般的墙片做轻松的围合，墙上开着"博古架"意味的漏窗。瓷城醴陵独特的釉下五彩瓷艺，将在这里多维度展现：釉下彩瓷的"青云书院"题字镶嵌在入口墙面上；馆内的瓷壁画、瓷灯罩、瓷标牌等将瓷艺与建筑环境有机地融合在一起。门厅中面对"树庭"的主墙面为一幅近30平方米的壁画，是用当地手工制作的17种颜色釉下彩瓷片自由排列镶贴而成，名为"自然韵律，知识密码"。
绿色
■ 节约资源：1. 土地；2. 阳光；3. 建材；4. 空间灵活性；5. 减少装饰层；6. 水资源利用；7. 废瓷利用；8. 装修一体化。节能与健康舒适：1. 冬暖夏凉的厚砖墙；2. 植物遮阳；3. 复合功能窗套；4. 阳光采暖；5. 优质光环境；6. 通风与除湿；7. 空调方式；8. 太阳能。
保护环境：1. 绿地扩展；2. 立体绿化；3. 生物多样性；4. 水生态。

■ 原貌总平面图

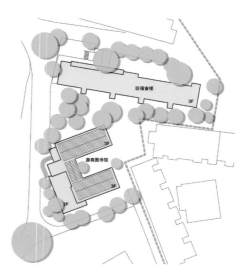

■ 图书馆主入口

■ 门厅内景

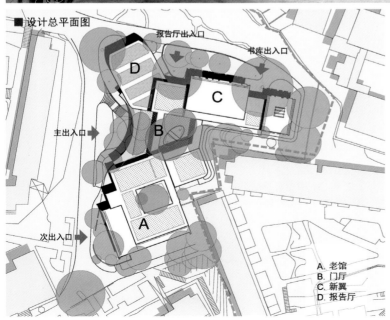

■ 设计总平面图

报告厅出入口

书库出入口

D

C

B

主出入口 →

A

次出入口 →

A. 老馆
B. 门厅
C. 新翼
D. 报告厅

■ 新建部分主要利用原有建筑占地以及没有高大乔木的空间，中部单层的门厅设0.6米的架空层，尽量保持原有山顶土的土壤面。

■ 门厅面向基地西侧的校内干道后退，形成入口空间，让开树群，从疏林坡地进入图书馆，同时解决道路与基地的高差问题。紧临大门的三株枫杨穿过雨篷，树冠为上部连廊遮挡西晒。门厅为两株枫杨设一个椭圆形的天井。门厅的地板架空，其下为裸露的山土。让天井中的大树能接受充足的阳光、雨水和地气；门厅则天光弥漫、树影婆娑。枫杨繁茂的树冠，与门厅屋顶上的灌木花草、玻璃连廊相映成趣，形成空中"树院"。

■ 剖面图1

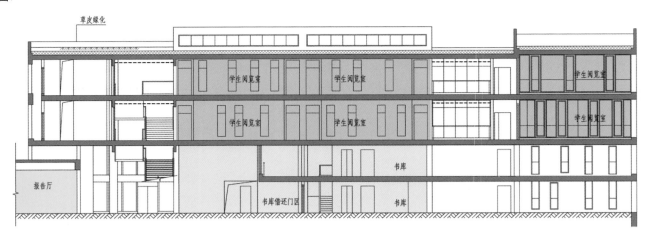

草皮绿化

学生阅览室　学生阅览室　学生阅览室

学生阅览室　学生阅览室　学生阅览室

报告厅　　　　　　　　书库

书库借还门区　　　书库

■ 剖面图2

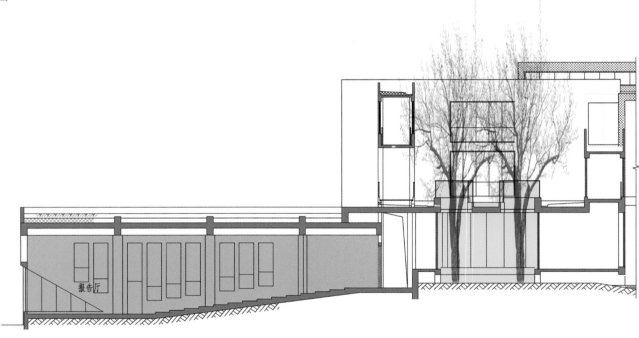

报告厅

■ 剖面图3

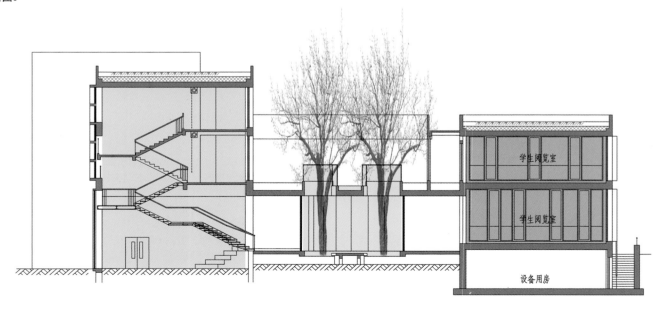

学生阅览室

学生阅览室

设备用房

■ 一层平面图

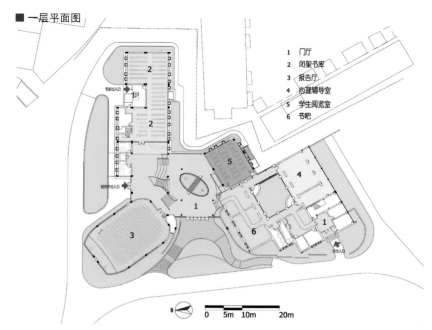

1　门厅
2　闭架书库
3　报告厅
4　心理辅导室
5　学生阅览室
6　书吧

N
0　5m　10m　20m

■ 二层平面图

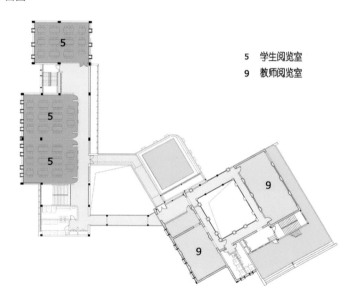

5　学生阅览室
9　教师阅览室

■ 三层平面图

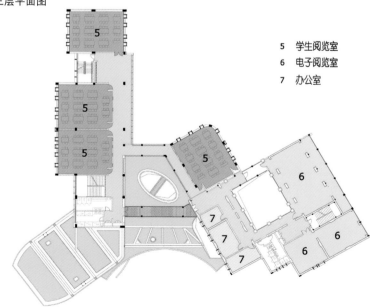

5　学生阅览室
6　电子阅览室
7　办公室

■ 北立面全景

■ 进入门厅

■ 二层屋顶的室外连廊

■ 屋顶上的开敞外廊空间

■ 屋顶"树院"夜景

西立面（口

■二层屋顶

专家点评

■ 该项目充满了书卷气和浓浓的自然生态气息，是一个非常优雅的设计。建筑体量不大，是个"小建筑"，但设计本身却有丰富的内涵，精心的细部设计，对空间丰富的处理，对建筑材料就地取材、回收利用，对老建筑、老树、地形进行细致地处理，对文化进行挖掘，对新老建筑衔接细致地处理，无一不体现了设计者的用心。新老建筑之间衔接的门厅及屋顶花园设计，是该项目的亮点。中厅围绕着百年古树展开空间设计，尺度宜人，充满了生命力和人文的关怀，从而变得独特和不可复制。对几十棵树木的保留和融合利用及对老建筑的保留、改造和利用，无疑是当下设计最正确的态度和最聪明的方法。小建筑里透出的浓浓的人文气息是这个项目的核心所在。

仰军华

■ 门厅"树院"剖透视图

■ 校园照片

宁波江北外国语学校
NINGBO JIANGBEI FOREIGN LANGUAGE SCHOOL

设计单位：DC国际
设计人员：崔 哲 程久军 王雷鸣 李 佳 孙其川 史琳琳
　　　　　王 楠 王 珊 袁守颖 邢晓文 王晓洋 周妙怡
项目地点：宁波市江北区
设计时间：2010年1月
竣工时间：2012年12月
用地面积：5.44万平方米
建筑面积：4.1427万平方米/地上3.6418万平方米/地下0.5009万平方米
班级规模：54班

设计理念
■ 设计的切入点来源于业主希望在这个校园中采用全中央空调的构想，这并不多见，由于空调的使用，设计从开始就有了不一样的设计条件。学校建筑中原本室内和半室外的空间分类不再存在，为保持能效，空间希望被整合为一个连通的腔体。
■ 于是校园成为一个完整的建筑而并非聚落，产生了以大堂、中庭等室内公共空间为中心组织的空间系统，但空间上的整合往往也带来了使用上的整合，普通教室、公共教室、图书馆、体育馆、小剧场、食堂、行政等原本分疆而治的功能空间在室内被最大限度地整合到一起，也进一步加强了它们之间所谓公共空间的"公共性"。

设计概述
■ 整个校园除了中学部和小学部东西分区，校园出入口设置在不同的城市道路上。在校园内部没有传统意义的分区，但设计仍然要处理那些传统的学校大空间，这些大空间如图书馆、食堂、风雨操场和小剧场，它们使用频率不一，而且体形突出。
■ 设计者在分层的背景下引入植入的概念。植入的过程以动静分区之间互不干扰和保持流线通畅为原则，同时围绕这些植入的空间设置场所，使其成为路径空间的一部分，也很自然地让内部动线丰富起来，带来一种前期设计不可预知的空间效果和场所感。
■ 与中央空调系统相适应的空间是一个高度集中的空间，但由于校园建筑的特殊需求，我们设计的目的却是在集中的空间下创造一种弥散的公共性。学校的本质并非一个为人临时使用的设施，而是心智教育的场所，是社会的简单模型。

■ 设计希望将邂逅变成一种常态，用建筑空间创造一种"力"，将他们推向社会和人群，让他们在现实世界中与彼此"相遇"，在自觉与不自觉中完成信息的交换和相互学习。城庄校园本身就像一个小型微缩的城市，它不仅需要满足教与学彼此唤起的功能，还需要提供各种自由交往的空间。
■ 连通小学和中学部的公共空间是一个没有预设功能的空间，学习的人流、生活的人流、办公的人流从这里穿行，人们这里偶合、集会，甚至是公共活动。而这个公共空间的上面则是交往空间的延伸。交往空间在这里打破了室内外的限制，大大小小的采光井让视线在这里穿行。行为路径、光线、视线创造了一个无比活跃的校园气氛。

■ 鸟瞰图

学校轴线的营造

■ "三明治"策略：为了实现公共性的最大化，设计采用了一种我们称之为"三明治"的策略。现实生活中，"三明治"的特点在于通过分层的方式使面包等主食与肉类和蔬菜均匀放置，保证了每一口都是不同食材的集合，具备不同味道和质感的交流。当我们把这一原则应用到学校的设计中，意味着功能房间和公共空间也以分层的方式存在，在垂直方向上任何一点都可以与公共空间相邻。从而为单元教室与公共空间之间创造一个概念上"零距离"的交通模式。

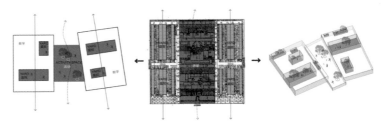

传统书院礼仪轴线　　传统书院礼仪轴线与院落空间　　传统书院在城庄学校的呈现

■ 总平面图

■ 学校基本功能平面需求

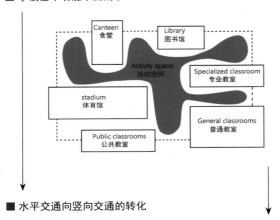

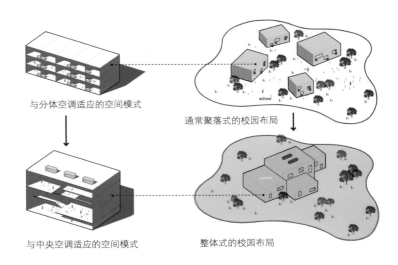

与分体空调适应的空间模式　　通常聚落式的校园布局

与中央空调适应的空间模式　　整体式的校园布局

■ 概念的引入：传统学校的总平规划是一种平面的展开，我们在一个地块上分区，将各种功能体块植入其中，进而用廊子或是室外活动场地进行连接。这和我们对于城庄学校的需求相比有一种先天性的不足，同时也是我们在设计之初对于概念的一个合理考虑。一个单一功能的空间怎么去促进交流，分散必然带来行体系数的增大，可是我们需要的是一个符合可持续发展思想的学校。我们不必要过多地论及传统的教育，但一种对于传统学校布局的革新思想在城庄学校的设计之中就呼之欲出了。

■ 水平交通向竖向交通的转化

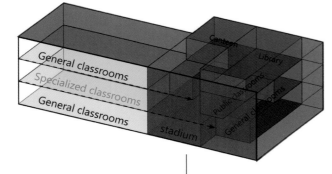

■ 穿插

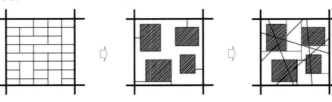

■ 不可预知的空间效果

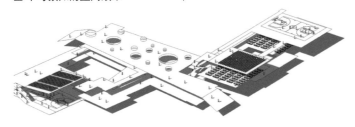

■ 围合

■ 交往空间的竖向联系示意

■ 一层平面图

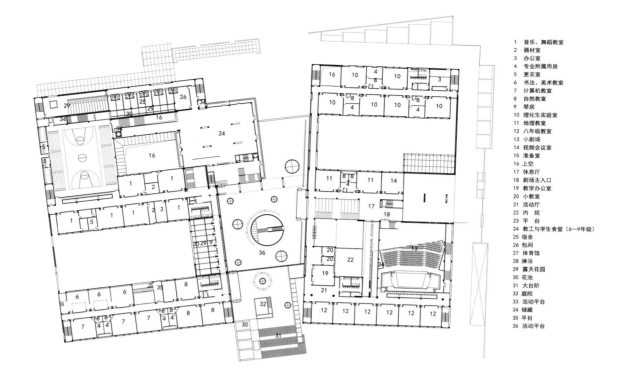

1 音乐、舞蹈教室
2 器材室
3 办公室
4 专业附属用房
5 更衣室
6 书法、美术教室
7 计算机教室
8 自然教室
9 琴房
10 理化生实验室
11 地理教室
12 八年级教室
13 小剧场
14 视频会议室
15 准备室
16 上空
17 休息厅
18 剧场主入口
19 教学办公室
20 小教室
21 活动厅
22 内 院
23 平 台
24 教工与学生食堂（6～9年级）
25 宿舍
26 包间
27 体育馆
28 淋浴
29 露天花园
30 花池
31 大台阶
32 庭院
33 活动平台
34 储藏
35 平台
36 活动平台

■ 二层平面图

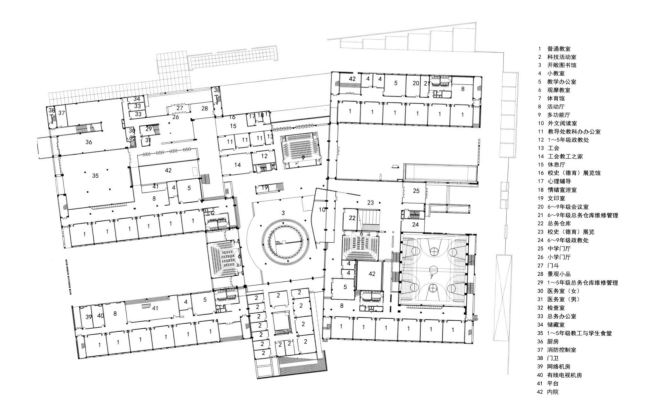

1 普通教室
2 科技活动室
3 开敞图书馆
4 小教室
5 教学办公室
6 观摩教室
7 体育馆
8 活动厅
9 多功能厅
10 外文阅读室
11 教导处教科办办公室
12 1～5年级政教处
13 工会
14 工会教工之家
15 休息厅
16 校史（德育）展览馆
17 心理辅导
18 情绪宣泄室
19 文印室
20 6～9年级会议室
21 6～9年级总务仓库维修管理
22 总务仓库
23 校史（德育）展览
24 6～9年级政教处
25 中学门厅
26 小学门厅
27 门斗
28 景观小品
29 1～5年级总务仓库维修管理
30 医务室（女）
31 医务室（男）
32 检查室
33 总务办公室
34 储藏室
35 1～5年级教工与学生食堂
36 厨房
37 消防控制室
38 门卫
39 网络机房
40 有线电视机房
41 平台
42 内院

■ 交往空间的竖向联系示意图

■ 低年区域的小庭院

■ 室外大台阶

■ 学校西南侧

■ 低年级区域的中心庭院

■ 结合片墙设计的校园广播台

专家点评

■ 建筑师充分理解学校的办学理念和国际化的教学模式，所以在本项目的建筑设计中，大胆突破传统学校建筑的水平功能分区方法，将教学空间和公共空间用竖向交通垂直串联起来，采用"三明治"的策略把公共空间设置在普通教室的中间，公共空间具有很强的弥散性，满足了每个教学空间都能在最短的距离达到公共空间。

■ 另外，建筑师采用了中国传统建筑布局形式，灰白色调对比强烈，墙面细节设计精致，庭院景观设计恰到好处的建筑风格，是一幅漂亮且极具韵味的水墨丹青。

叶松青

无锡师范附属小学
WUXI NORMAL PRIMARY SCHOOL

设计单位：上海联创建筑设计有限公司无界工作室
设计人员：艾伦·罗伯特（Alain Robert）　华　露　缪小威　谭均晖
　　　　　刘　晨　施洁莹　毕文琛　徐　文
项目地点：无锡市崇安区
设计时间：2012～2013年
竣工时间：2014年
用地面积：3.2183万平方米
建筑面积：2.3998万平方米/地上1.758万平方米/地下0.6419万平方米
班级规模：6个年级共36班

设计背景
■ 本次设计为江苏省无锡师范学校附属小学学前街校区建设项目，本项目在无锡师范学校原址改扩建而成，新建建筑为1#教学楼、2#综合楼、3#食堂、4#行政楼及5#风雨操场，保留建筑3幢，分别为弘毅楼、钟楼和述之科学馆，其中钟楼和述之科学馆为市级保护建筑，弘毅楼保留教学功能，仅作外立面改造，使之符合新建校区的整体风格。

设计理念
■ 新校园规划概念取自中国传统书院的设计概念，在城市与景观之间形成自然的过渡延续。锡师附小原校区规划采用以长廊为主的布局模式。在百年名校无锡师范学院的基础上，新校园规划重新梳理廊道与建筑的空间关系，在紧张的用地现状下，改变原有线性的布局模式，以环抱的姿态融入基地。环形的平面布局不仅将新旧建筑体量有机地结合，更将新老校园的教学文化进行着延续和表达。

总体布局
■ 基地南侧放置普通教室和专用教室，图书馆和食堂分列基地东西两侧，行政楼位于钟楼的西侧，风雨操场位于基地南侧。所有建筑围合形成两个庭院空间，以钟楼为中心，南北贯通，形成轴线。教学楼中间部分打开，划分较长体量的同时，也将内部庭院和户外活动场地相互渗透延伸。北侧庭院位于三栋历史建筑的围合内，在原有庭院格局的基础上，营造出古典静谧的园林氛围；南侧庭院则在新建筑的围合下，结合教室空间的小体量设计，更为开放和活泼，创造出符合孩童活动的安全舒适场所，同时保留记忆中的树木、庭院和娱乐设施等。两个庭院在廊道的环绕下遥相呼应，新旧建筑在设计后相得益彰。

空间特点
■ 整个校园规划以保留的钟楼、述之科技馆和弘毅楼为中心，各个功能建筑体量通过廊道联系在一起，围合形成内部庭院，同时建筑一层局部架空。教室外连廊空间的富足设计满足室内使用要求的同时，为师生们提供课余安全舒适的公共活动空间。集约化的布局方式有助于管理和使用，同时释放了紧张的地面空间，大面积的公共活动场所和庭院绿化为校园环境带来了新鲜的活力。

■ 校园主入口

■ 体育馆

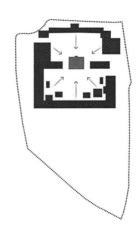 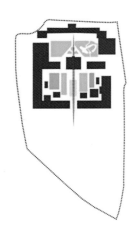 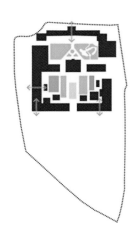 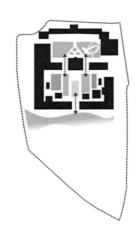

所有建筑以钟楼为中心，呈环状布局

建筑围合形成两个庭院，南北贯通，形成轴线

建筑一层局部架空，内外空间联通

南侧建筑中间部分打开，划分较长建筑体量的同时，使内部庭院和户外活动场地相互贯通

■ 校园建筑功能分析图

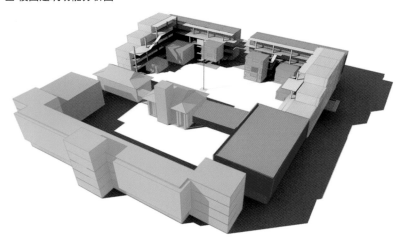

图例

■ 保留建筑
■ 图书馆、报告厅
■ 食堂
■ 普通教室
■ 专业教室
■ 兴趣专业教室

■ 本项目设计保留了基地内原有3栋历史建筑，并在原有庭院格局的基础上，通过围合手段插入新的教学建筑，形成若干庭院，同时，南侧建筑中间部分打开，划分了较长体量的同时，也从物理视觉上，将内部庭院延伸至南侧户外活动广场，使二者相互渗透。在庭院设计上，引入中国传统景观艺术，旨在营造出古典静谧的园林氛围。

■ 教学楼一层平面图

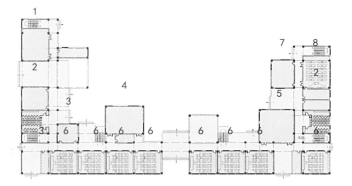

1 音乐办公室	5 多功能教室
2 教师办公室	6 普通教室
3 辅导教室	7 标本室
4 美术办公室	8 科学实验室

■ 教学楼二层平面图

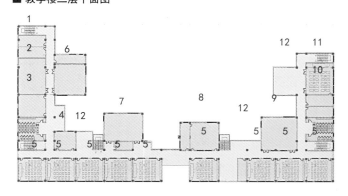

1 音乐办公室	7 美术教室
2 舞蹈室	8 语音教室
3 教师教室	9 多功能教室
4 美术办公室	10 科学办公室
5 普通教室	11 科学实验室
6 音乐教室	12 活动平台

校园内传统江南建筑元素——院

■ 总平面图

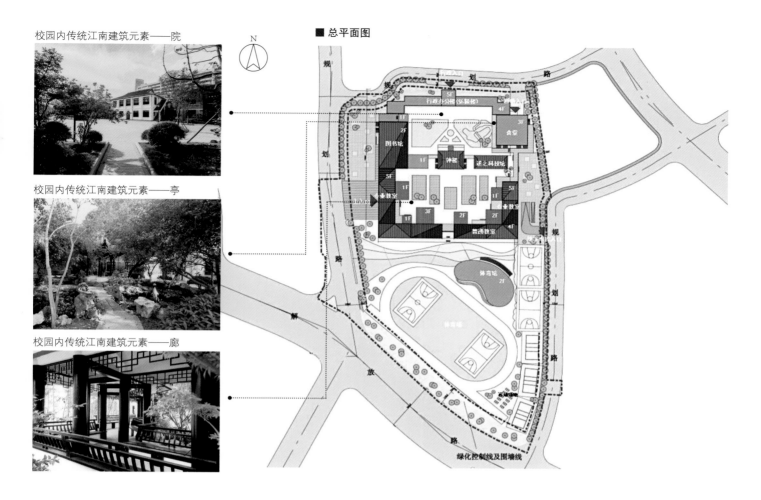

校园内传统江南建筑元素——亭

校园内传统江南建筑元素——廊

■ 在设计过程中，不同的建筑功能空间以大小不一的体量穿插在环形布局之中，通过环廊有机地串联结合。在斜坡屋面的覆盖下，协调统一，与保留的历史建筑产生对话。多样的体量和立面处理让孩童们能够轻易地识别各个建筑。绿化庭院、连廊、楼梯空间和广场在各个建筑空间之间渗透穿插，连续变化的空间体现了江南水乡的文化特色，为孩童们营造了清新、有趣的娱乐休憩场所。

■ 同时，建筑空间的交错，形成了校园内的若干小巷，和大小、主题各不相同的院落，"廊"、"亭"、"院"共同交织形成了独具江南水乡特色的校园。

■ 剖面图

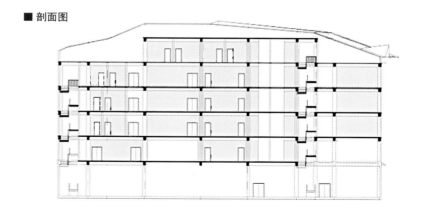

■ 剖面图

■ 教学楼沿街立面

■ 连接教学楼的校园游廊

■ 校园回廊

■ 风雨操场

■ 校园内院-人文院

■ 园林式校园庭院

专家点评

■ 无锡师范附属小学是一所百年老校，历史底蕴浓厚。总图设计采用了院落围合的方式，由南北两个院落构成，分别代表历史和现代，南北中轴线的串联沟通了历史与今天。北侧通过对老建筑、植被等的保留，形成中国古典园林式景观院落，充分尊重了学校的过往历史；南侧则通过色彩丰富、材料新颖的立面设计畅想未来。学校的设计让学生们可以在历史与现代中畅游学海。

曹嘉明

■ 右侧为制作实验室，后侧是创客空间

上海美国学校浦西校区
探究与设计中心
SHANGHAI AMERICAN SCHOOL PUXI CAMPUS, CENTER FOR INQUIRY & DESIGN

设计单位：帕金斯威尔（Perkins+Will）
设计人员：史蒂芬·特克斯（Steven Turckes） 布莱恩·韦瑟福德
　　　　　（Brian Weatherford） 艾梅·埃克曼（Aimee Eckmann）
　　　　　帕米拉·斯坦纳（Pamela Steiner） 穆罕默德·拉赫曼
　　　　　（Muhammad Rahman） 戈库尔·纳塔拉詹（Gokul
　　　　　Natarajan） 汉斯·萨默尔（Hans Thummel） 沈　珺
项目地点：上海
设计时间：2015年
竣工时间：2016年
建筑面积：0.3万平方米
班级规模：9～12年级共350～400人

■ 在空间改造规划设计的全过程当中，帕金斯威尔（Perkins+Will）与上
海美国学校浦西校区的运营及教学人员组建了一支综合项目团队，将
前瞻性的教学理念、追求梦想的教学使命和培养全球化公民的发展愿
景创造性地诠释到全新的学习空间当中，通过"发现-解读-构思-试
验-演化"这五大步骤推导出最终的设计解决方案。
■ 本项目将原有的3000平方米的"工厂模式型"传统教学空间打通为
开放空间，在反向C型楼面上利用单边构成三大片区，分别是自然科
学区、创客实验区和创新研究区。三大功能片区相互重叠，进而形成
多重功能区，激发学生之间的互动联系和学科之间的知识联系。
■ 改造后的空间形成了多种多样的开放创新型的课业项目实验区和小
组讨论区，制作区和模型实验室的资源与整个学校共享，鼓励学生将
创意动手化为现实，并通过各种技术支持进行成果展示。创新研究区
尤其将自然科学、数学、社会研究和英语教师聚合到一起，与小型学
生群体共同开展跨学科的项目专题学习活动。
■ 改造后的教学模式从一位老师负责一间固定教室的教学模式转为多
名老师以集体形式进行教学安排，根据课程需要在多元化的空间开展
教学，根据学生规模的需要利用移动隔断快速改变空间配置。
■ 新的学习空间设计了大量的可书写面，其中包括移动隔断和墙面
等，同时还配有常规显示屏和互动显示屏（配苹果电视），使学生得以
在模拟和数字世界间快速转换。原本单纯的通道空间现在也成了利用
率高的可用空间，用于支持各类活动和非正式的学生群体空间。

■ 室内隔断构成分析

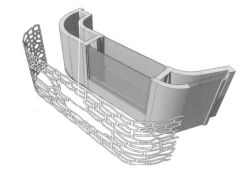

■ 室内隔断构成分析

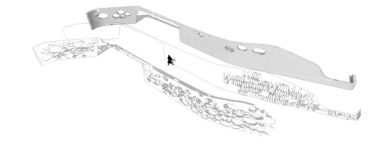

■ 自然科学区入口

■ 东南向轴测图

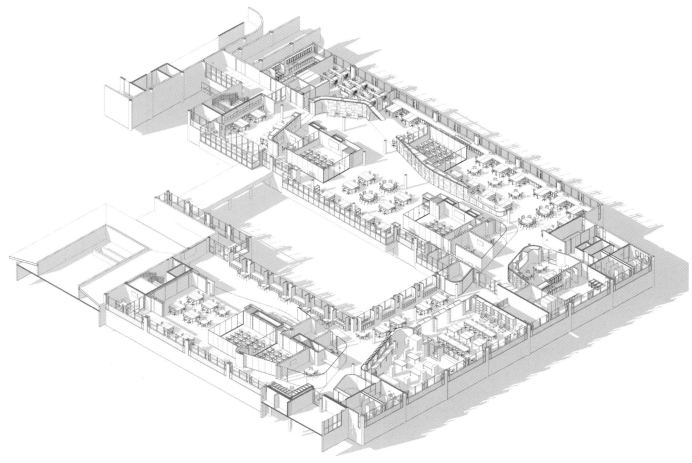

■ 自然科学区

■ 左侧为制作实验室，右侧为小组讨论室

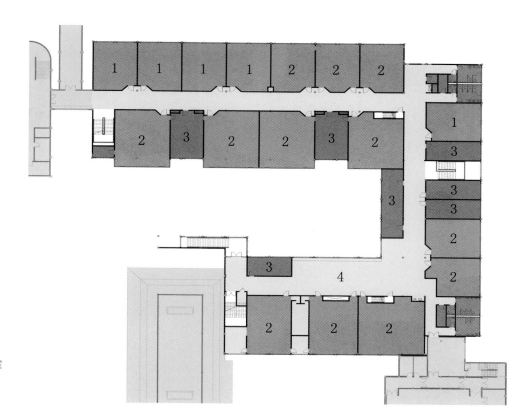

1 高中部数学教室
2 高中部自然科学教室
3 高中部辅助空间
4 课业项目空间

专家点评

■本项目是一个旧教学楼的改造项目，它反映了两方面的趋势：一是在中国上海这样的大型城市，教育配套用地趋于饱和，旧有建筑的改造更新将成为主要的方向与特点；二是美国学校所带来的新的教育理念，与传统的中国九年一贯制的教育体系有所不同，"STEM"教育（科学、技术、工程、数学四门学科）推崇打破原有的单一课程教授体系，实现跨学科的融合、拓展和竞升，这当然对教育空间的设计产生了深远的影响，新的学习模式的出现影响着校园的形态、教室的形态。

■本项目改造前后的对比，明显呈现出分割-融合两种教学实验空间，这反映了近年来中小学理科实验教学的改革方向，其教学模式、室内空间乃至建筑色彩变化等都值得我们借鉴。

钱平

■ 改造后的二层平面图

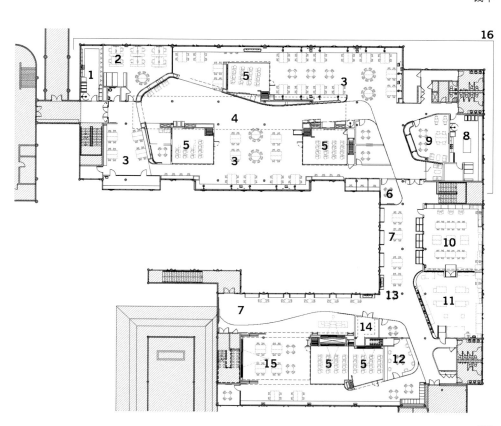

1 生物类储藏区
2 教师办公室
3 开放实验室
4 中庭
5 教室
6 储藏区
7 协作交流区
8 化学类储藏区
9 教学研讨室
10 创客空间
11 制作实验室
12 教师区
13 艺术交流区
14 艺术配套用房
15 创新研究区
16 自然科学区

济宁市九年制学校
JINING CITY NINE-YEAR SCHOOL

设计单位：上海交通大学、上海建筑设计研究院有限公司
设计人员：张　健　刘恩芳　蔡　军　张学优　陆威臣
项目地点：山东省济宁市中心区域
设计时间：2012～2013年
竣工时间：2015年
用地面积：15.55万平方米
建筑面积：4.2982万平方米
班级规模：36班中学，40班小学

■ 该学校位于济宁市中心区域。新时代中小学教育模式的核心是应试教育转为综合性素质教育。如何适应这一新时代的教育需求，创造有利于培养综合性素质人才的建筑空间是本设计关注的重点。在充分满足使用功能的基础上，创造出为素质化教育所需的特色空间，塑造出"功能多元化、空间立体化、建筑景观化"的新时代中小学建筑空间。综上，我们提出了"交流空间"以及"空中连廊"两个关键词来组织整体的设计策略。

■ 从整体布局来看，中小学建筑群在平面上为一体，实以中轴文化墙为分割，西面为中学部分，东面为小学部分，功能分区明确，流线清晰。中学部分主要分为前、中、后三个建筑体，前部为教学楼，中部为综合楼，后部为二层通高的1026平方米的体育活动室。为便于管理和尽量减少一层外部噪音，于教学楼部分一层前部设图书阅览室，后部设机动教室。二层以上，以年级为单位，每层设十个班级、年级办公室以及班级活动室、讨论室等，满足各年级师生的教学及课余交流活动的需求。教学楼的教室布置均朝南，使每个教室都具有最好的采光与日照条件。教室北侧为宽敞的走廊，每间隔九米，设凸出的休憩平台，避开了走廊上的流动人流。综合楼考虑到各类教室对于自然光及通风的要求，合理布局南向及北向教室，并将生理化等实验室设在一二层。教学楼与综合楼之间，三层及以上均有空中连廊联系，使学校内部在各种气候条件下，均有通达的流线，增加学生交流互动的空间，并且使建筑空间更为丰富，建筑与景观呈现一体化。北端的体育活动室，两层设有回廊，并与综合楼在一二层均有联系，风雨无阻。

■ 小学部分功能分区与中学相似，每层以年级为单位。技术教室、美术书法教室以及图书阅览室等对声音要求较高的教室设在教学楼内部，而音乐、舞蹈教室等设于后排的综合楼内，最大程度降低噪音对普通教室的干扰。中小学建筑设计对称，整体大气，浑然一体。中心行政楼为中小学合用部分，三四层为小学用，五层为中学用，六层东部为小学用，西部为中学用。各层独立分隔，以玻璃连廊与各教学楼联系。

■ 建筑生成图

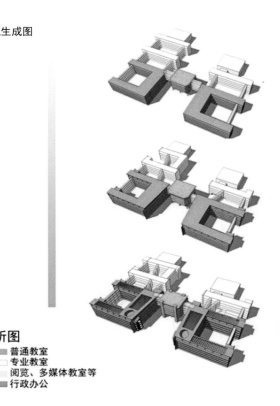

分析图
普通教室
专业教室
阅览、多媒体教室等
行政办公

■ 功能分区图

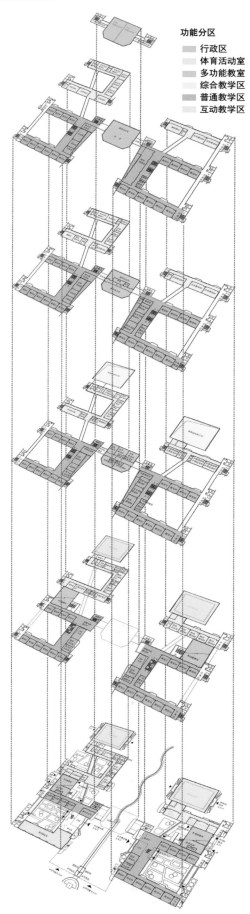

功能分区
- 行政区
- 体育活动室
- 多功能教室
- 综合教学区
- 普通教学区
- 互动教学区

■ 操场与体育馆

■ 学校主入口

■ 一层平面图

图 例
- 普通教室
- 专业教室与辅房
- 公共教学用房
- 办公用房
- 生活用房
- 增加用房

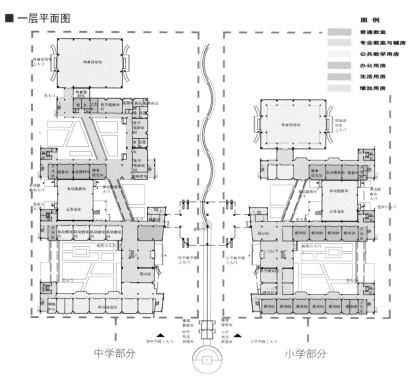

中学部分　　　　　　　　　　　小学部分

■ 综合楼西侧

■ 综合楼与风雨操场

■ 二层平面图

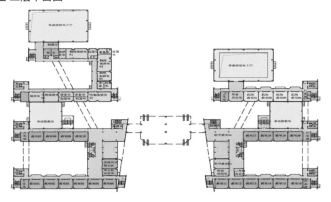

■ 三层平面图

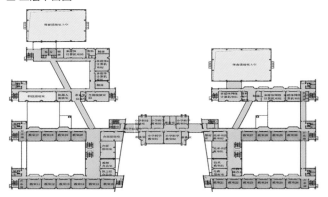

■ 四层平面图

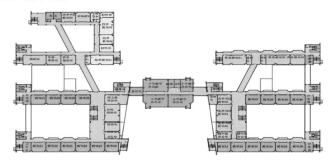

■ 五层平面图

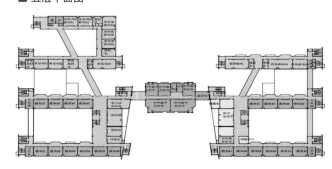

■ 北立面（左侧小学，右侧中学）

■ 中学东立面

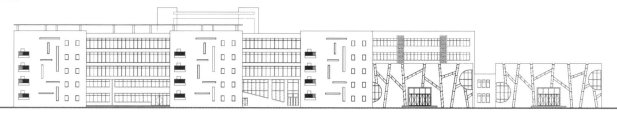

■ 整个学校建筑造型以现代风格，体现教学场所的文化特质，色彩简洁细腻，设计手法简洁明快，建筑风格与整体规划相互统一。建筑以人体工学原理为设计基础，注重建筑与环境点、线、面、体及色彩要素之间的和谐关系，组成赏心悦目的建筑单体、空间，满足人们对办公、学习、生活、阅览等的要求。在形体、色彩、形式上取得了最大的统一，整体感强，庄重大气。在运作中，中小学完全独立，互不干扰。

■ 生态设计也是设计的一大特色，中小学教学楼及综合楼都为半围合式庭院，朝向各自操场，使得从各自的门厅至操场的视线通透开阔，在提供给师生安静清新的休息园地的同时，也起着调节建筑周围气候环境的作用。不仅在庭院内，在建筑上也紧扣生态绿色理念，教学楼、综合楼等均设屋顶花园，其中教学楼屋顶可上人，并设景观小品，与底层庭院相呼应。

■ 中小学以文化墙为间隔，南端设有各自独立的传达值班室，入口景观统一，入口分列两侧，使整个学校在沿街面上整体统一、分合有序。

■ 教学楼一侧

■ 教学楼室内廊道

■ 综合楼空中连廊

■ 风雨操场北侧一角

专家点评

■ 这是一个既实用又巧妙的学校设计。

■ 实用就实用在这是一个非常传统而紧凑的校园；中学与小学以中轴文化墙为界左右分开，普通教室、专业教室、图书阅览、实验、体育等功能均妥善地安置于三/四排的南北向平行建筑中；左右共用一个中心办公楼，它既是校园的入口标志建筑，也因共用而节约空间与时间，校园整体做到了分中有合、合中有分。

■ 而其巧妙就巧妙在，建筑师在传统校园排排坐的规划布局基础上；用连续而蜿蜒的走廊联通；加入斜向空中连廊作为组织活跃元素；有的走廊还设有凸出休憩平台避开主人流。这样，即使所费不多，也可以使得学校内部风雨无阻，增加学生、老师交流互动的空间，不仅空间更为丰富，更重要的是可以适应新时代的教育需求。

任凴

绍兴市成章小学
CHENGZHANG PRIMARY SCHOOL OF SHAOXING

设计单位：华汇工程设计集团股份有限公司
设计人员：周敏玉　黄振华　胡新莺　刘　芳　朱凌桦　钱瑞莺
　　　　　董佳文　李海滨　钟　华　孙　杰
项目地点：中国绍兴
设计时间：2014年
竣工时间：2016年
用地面积：2.3722万平方米
建筑面积：2万平方米
班级规模：24班完全小学

■ 报告厅南侧

设计理念
■ 目标：创建办公、教学、运动、交通互不干扰，与运动场地有效融合，合而不扰、分而不散，同时与自然和谐共生、传承文脉、富有个性的现代校园。
■ 校园整体建筑空间采用中国传统的书院形式——"外廊合院式"的概念，将中国传统书院中的门、壁、堂、院的手法，通过现代语言符号的阐释，应用到校园设计中。建筑在满足学校功能和交通流线合理的前提下，应创造良好的学校空间环境。
总体布局
■ 项目规划为24班完全小学，地块南侧为云东路主干道，北侧都泗门路、东侧五泄路均为支路，西侧为越龙河。结合周边环境，学校运动区和教学办公区采用东、西布局，运动区设于场地西侧，教学办公区设于场地东侧。为减少对云东路干道的影响，小学主入口设在东侧五泄路上，次入口设在北侧都泗门路上。
■ 建筑布局借鉴中国传统建筑院落式布局，在校园总体结构、开敞空间体系、交通组织体系、景观生态系统以及建筑风格等方面进行整体性思考和把握。通过轴线、韵律、均衡等手法强化校园的秩序感，使整体校区规划布局疏密有致、虚实相生、秩序井然，形成和谐统一的整体。为有效解决接送学生停车难的问题，西侧操场下设置地下停车库。

学校主入口庭院

实验楼局部

■ 学校整体鸟瞰图

■ 花架室内

■ 风雨操场室内

■ 图书交流区室内

■ 互动教室室内

■ 音乐教室室内

■ 一层平面图

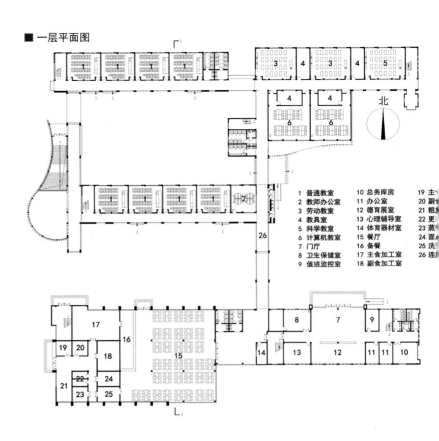

北

1 普通教室　　10 总务库房　　19 主
2 教师办公室　11 办公室　　　20 副
3 劳动教室　　12 德育展室　　21 粗
4 教具室　　　13 心理辅导室　22 更
5 科学教室　　14 体育器材室　23 蒸
6 计算机教室　15 餐厅　　　　24 面
7 门厅　　　　16 备餐　　　　25 洗
8 卫生保健室　17 主食加工室　26 连
9 值班监控室　18 副食加工室

交往空间

■ 学校要为培养创新型、复合型的人才提供各种交往的空间场所，使学生在交往中体悟，在交融中培养，在交叉中发展。在设计中主要从以下几个方面考虑：结合连廊式布局及主校道即主景观轴的布局组织贯通南北的主交往轴，沿轴设置了多种交往活动场所，有连廊、院落、室外座椅、广场等；空间和造型上注意与使用功能和环境结合，增加活跃气氛；室外结合校园环境，创造不同特色的交往空间；重视建筑物内各交通核、通廊及开敞的休息平台的设计，为学生建立一个立体的、多层次的交往空间。

■ 学校整体建筑二层平面图

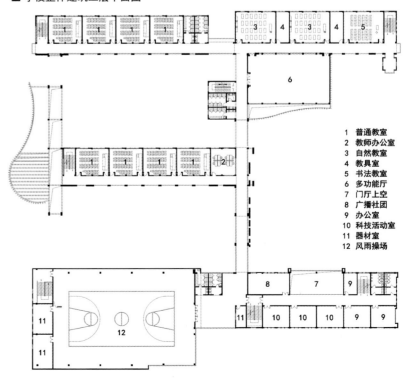

1 普通教室
2 教师办公室
3 自然教室
4 教具室
5 书法教室
6 多功能厅
7 门厅上空
8 广播社团
9 办公室
10 科技活动室
11 器材室
12 风雨操场

■ 学校整体建筑南立面图

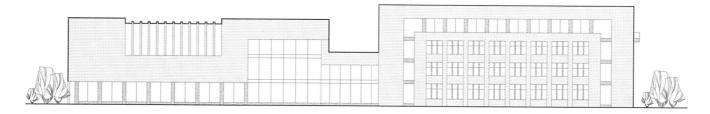

■ 学校整体建筑北立面图

■ 学校整体建筑南北向剖面图

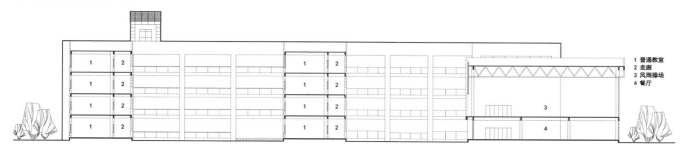

1 普通教室
2 走廊
3 风雨操场
4 餐厅

■ 从操场看学校建筑

■ 校园建筑西侧连廊

■ 教学楼间庭院细部

造型设计

■ 设计基于校园整体的空间和形态,力求建筑或景观成为校园系统中的有机单元;利用建筑形体的错落、建筑元素的连接、设计母题的重复等手法,实现群体的统一和灵活性,通过序列空间的组织实现群体的整体性,使建筑与环境相互渗透,达成有机的校园空间的整体。

■ 建筑主体采用陶土面砖,质朴而稳重。墙体通过白色涂料、陶土面砖的对比,形成强烈的构成效果,明确提示了建筑的儿童特征性。通过视觉上的降噪设想,清静、柔逸的色彩也表达了学校教育理性的一面。这一切所提供的触摸、感知的可能,力求为孩子们提供长久不忘的校园记忆。

专家点评

■ 绍兴市成章小学在建筑布局和院落空间设计上有着中国传统书院的秩序性和自然性。入口门廊、影壁、前厅、后院、多功能厅以及风雨操场等共同营造了既有秩序感又相互渗透的校园空间,校园功能动静分区明确,交通组织明晰,符合现代教学的理性需求。

■ 此小学最大的特点是很好地处理了空间的均衡性,并且在此基础上对交往空间的营造极具匠心:朝东主入口廊架与朝西面向操场的廊架似断非断,对空间围合和层次营造起到了很好的作用;入口庭院的多功能厅和朝向操场的趣味阳光房在造型上相呼应,立面材料处理也相一致;南北方向的主轴连廊有机地串联起了教学、生活和运动等功能,主轴两侧穿插了多种交往场所,极大地方便了师生的相互交流。建筑选材质朴稳重,造型简约大气,细节考究,室内布置活泼自然,这一切,共同营造出了一个可观、可学与可玩的校园。

王大鹏

■ 操场

风雨操场及连廊

综合楼南侧局部

■ 图书馆实景图（摄影：建筑译者姚力）

杭州银湖实验学校
HANGZHOU YINHU EXPERIMENTAL SCHOOL

设计单位：杭州九米建筑设计有限公司
设计人员：贺珉　郭宁　周先　俞立衡　侯纪民
　　　　　余刚　朱颖　王卓　陆柏佑　王群英
　　　　　徐宁国　申良泉　罗雅琴　陈云　任敏
　　　　　王阳　崔秋萍　刘国利　左迎辉　徐正红
　　　　　王婷　伍景　李兵仁　王益群　杨抗
　　　　　许国忠　王逸侃　李献亮　何新辉　张宏杰
　　　　　杜海舰　蒋委　殷晓波
项目地点：浙江省杭州市富阳区
设计时间：2014年
竣工时间：2017年
用地面积：23.46万平方米
建筑面积：14.711万平方米
班级规模：九年一贯制，96班

■ 总平面图

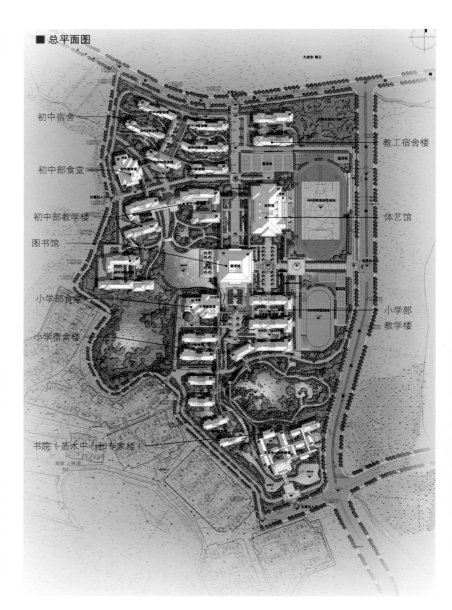

项目概况
■ 杭州银湖实验学校位于浙江省杭州市富阳区，背靠午潮山国家公园，自然环境优越。设计为九年一贯制学校，学校规模为96个班。设计以传统书院格局为原型——轴线分明，礼序井然，多进庭园，层次深幽，同时兼顾山水之间的村落意向，依形就势，自由生长。婉转多趣，错落生致。

设计理念
■ 一座理想的中小学校园，既能成为传道授业、知书达理的学府，同时也是嬉笑玩闹、快乐成长的天堂，既有严谨的课堂教学，又有多彩的户外生活，既能恭敬地接受人文礼教，又能自由地探索天地自然。前者，让我们联想起中国校园的原型——"书院"（传统书院格局——轴线分明，礼序井然，多进庭园，层次深幽）；而后者，似乎可以归于那些山水之间的"村落"（传统村落形态——依形就势，自由生长，婉转多趣，错落生致）。

■ 沿湖展开的中心园林（摄影：建筑译者姚力）

一处依山展开的 **山麓书院**——依循山势对景关系有序构建的书院式格局
一片绕溪而行的 **溪畔学村**——围绕一条蜿蜒小溪自由展开的村落式组团

「揽山」

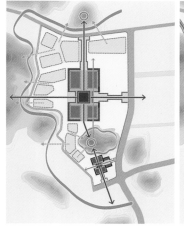

「亲溪」

「构园」

「合院」

「游廊」

「点景」

■ 方案围绕"书院"和"村落"两个核心意象，从六个方面展开：

■ 揽山——通过纵横"十"字轴线确立校园核心建筑群与周边山体之间的对应关系，构建从城市界面到自然山水的书院式空间序列；依循山体界面自由展开一个个村落状的功能组团，将山景纳入校园，使校园融入自然。

■ 亲溪——保留基地中的小溪现状，并围绕小溪来布局校园建筑群，一侧是严整有序的"书院"，另一侧是自由错置的"村落"，两者与溪流相互缠绕，比邻而立，让溪水声始终与书声和笑语相伴。

■ 构园——在校园中部靠近山边，将溪流放大成湖面，以此为核心构筑一处园林，使之成为校园景观和户外生活的中心，同时，保留校园南部的小山，将其改造为一座山体休闲公园。一湖一山，阴阳相济，构建出校园的景观核心和风水格局。

■ 合院——校园的各个功能组团，以庭院的方式来组织，建筑围合形成的大小院落，或严谨，或灵动，但都与溪流、园林以及群山不期而遇，相互对话。

■ 游廊——建筑庭院之间以廊相连，在建筑内外、庭园和山水间游走穿行，让每时每处的行走都充满了趣味和惊喜，遮阳避雨的同时，也成为校园生活的线索。

■ 点景——在山水庭院之间，点缀八处特色小景，融春秋风月和地域文脉，汇成校园"八美"，让校园四季充满诗情画意。

■ 中学教学区（摄影：建筑译者姚力）

■ 中学教学区实景图1（摄影：建筑译者姚力）

■ 中学教学区实景图2（摄影：建筑译者姚力）

■ 中学教学区一层平面图

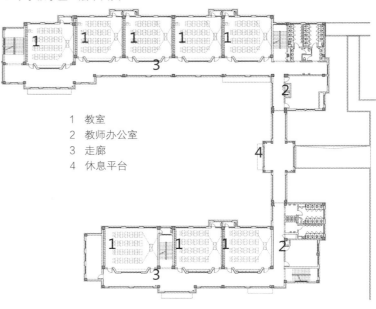

1 教室
2 教师办公室
3 走廊
4 休息平台

■ 中学教学区立面图

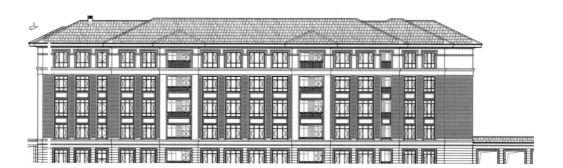

■ 体艺馆一层平面图

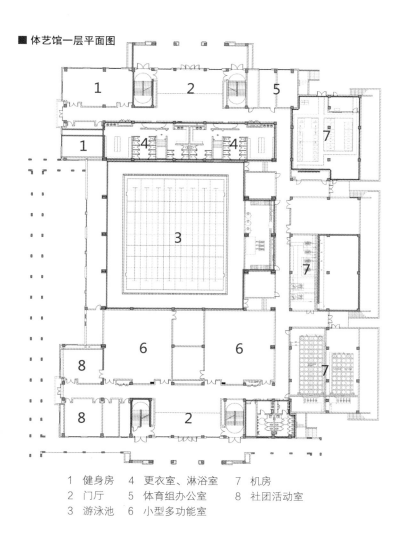

1　健身房　　4　更衣室、淋浴室　　7　机房
2　门厅　　　5　体育组办公室　　　8　社团活动室
3　游泳池　　6　小型多功能室

■ 体艺馆实景图（摄影：建筑译者姚力）

■ 学校东大门实景图（摄影：建筑译者姚力）

■ 体艺馆立面图

■ 银湖书院入口实景图（摄影：建筑译者姚力）

■ 银湖书院内庭院实景图（摄影：建筑译者姚力）

■ 银湖书院内庭院实景图（摄影：建筑译者姚力）

■ 银湖书院一层平面图

1 门厅
2 研讨室
3 水榭
4 水院
5 会客厅
6 会议室
7 休息室
8 办公室
9 庭院

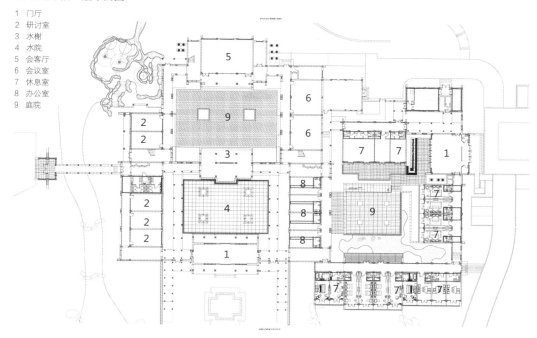

■ 银湖书院立面图

银湖书院——教育研究中心

■ 银湖书院——教育研究中心位于整个校园的最南端，也是寻溪而上的开端，是以传统书院为原型，意图勾勒出一个静心研究、安心办学的学术氛围。学术中心主轴线的前景是清源溪的汇聚点，背景是山的最高点，形成山水相融的景观。

专家点评

■ 建筑师善于理解并运用场地优越的山水自然环境，引入传统文化意象元素，营造了一个有利于中小学生学习、生活、游戏的校园环境。

■ 校园空间布局围绕传统"书院"和"村落"两个意象主题，以庭院、连廊为纽带，以山体界面为对景，结合贯穿校园的"溪水"，自然地串联起各个功能空间。建筑和环境相融合，处处有景，情景交融，呈现校园环境之美及人文之韵味。

■ "书院"的设计理念在各单体平面布局中得到体现，银湖书院的设计特点尤为突出。该组建筑以庭院组织建筑群落空间，柱廊围绕水面，坡屋顶高低错落，呈现传统园林建筑韵味之美。

■ 校园建筑风格和周边环境融合协调。各单体建筑体量适中，坡屋顶造型轻盈别致，外墙立面比例尺度得当，材质混搭得体，色彩淡雅。

项志峰

■ 银湖书院沿湖实景图（摄影：建筑译者姚力）

111

■ 东坡路侧校园主入口

杭州市天长小学改建
HANGZHOU TIANCHANG PRIMARY SCHOOL

设计单位：中国美术学院风景建筑设计研究总院
设计人员：王　伟　鞠治金　武兆鹏　郑佩文　刘　洋　张思良　敖会涛　滕　起
　　　　　郑　晨　雷国龙　傅建祥　周　勤　郭兆明　赵铁均　王　磊
项目地点：杭州市上城区东坡路
设计时间：2012年1月
竣工时间：2015年6月
用地面积：0.54万平方米
建筑面积：0.57万平方米/改造0.24万平方米/改建0.33万平方米
班级规模：20班

初心之地

■ 天长小学位于西子湖畔，东坡路旁，隐于杭州核心文化商业街区。项目基本保持原建筑布局，改建改造并存。

■ 天长小学占地仅9亩（6000平方米），新建和保留总建筑面积仅5000余平方米，为小学低年级（1～3年级）校园，建成后的新校园以其充满童话色彩的室内外空间、颠覆性的校园形象引起关注。一切从孩子出发，找到初心是设计的核心理念。无论何时何地，童年的家园、乐园、学园，总是梦开始的地方，快乐地玩耍、单纯的童心、未知的好奇、自由的随性等永远是亘古不变的情怀。

■ 设计多次倾听业主（校长、老师、家长、学生）的声音，并从保罗克利、克里姆特、梵高等的画中、从时代技艺和材料中汲取灵感，运用多种手段（绘画的、色彩的、场景的、编织的、雕刻的）营造出各种适宜儿童活动的空间和场所。阅读、玩耍、交流、探索……让每一个孩子找到童年的初心，建造一个充满童话色彩的家园、乐园、学园……

■ 原校园蓝色主题色和拱形元素是两个主题，梦的蓝紫色彩，变幻的拱形语言贯穿于整个设计中。但无论设计语言如何丰富，设计指向却始终清晰，即：所有的色彩、材料、构成均烘托一个主题——蓝色山水。所有的形态、造型、空间、质地、氛围、设施、尺度均服务于一个对象——学童。所有的巧思、营造、时代、地域文化、情怀均为构建一个场所——小学校园。

■ 改建教学楼拱形艺术墙

教学楼间的庭院

■ 校园夜景

■ 西立面展开图
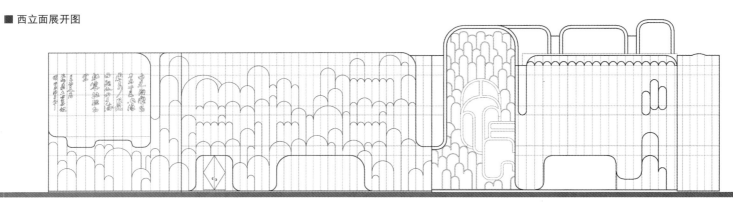

■ 保留教学楼和体艺楼墙面改造

■ 二层平面图

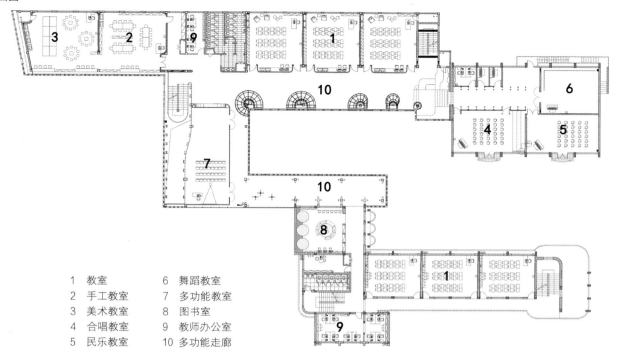

1	教室	6	舞蹈教室
2	手工教室	7	多功能教室
3	美术教室	8	图书室
4	合唱教室	9	教师办公室
5	民乐教室	10	多功能走廊

■ 杏林映蓝（保留建筑立面改造组图）

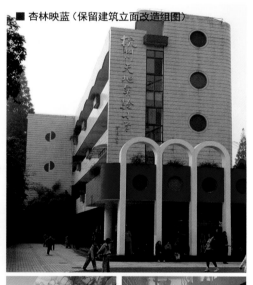

■ 校园总平面图

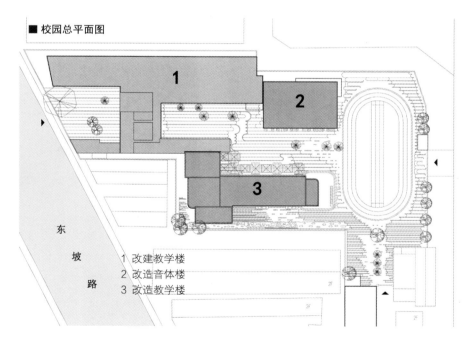

东坡路

1 改建教学楼
2 改造音体楼
3 改造教学楼

■ 改造前外观

■ 童趣空间

■ 多功能公共空间1

■ 接待室

■图书室

■ 多功能公共空间2

专家点评

■孩子和建筑师眼里的世界是差别很大的。孩子的成长是自我探索和发现的过程，需要调动起所有的感官去感受环境，而长期以来建筑师习惯于站在自己的角度，以技术和规范的方式建立校园。毋庸置疑，教育理念与建筑空间是息息相关的，孩子们需要借助良好的建筑空间获得认知和从事社交活动，这也意味着校园设计应该尊重孩子的权利，应该回归到以孩子为中心的理念，以孩子的视角去观察和营造校园。

■这座校园规模很小，但设计师通过精心巧妙的构思，以处处站在孩子的角度，创造了一个完全与传统校园不一样的学校，室内外有很强的故事性和叙事性，创造了很多高价值、高情感空间。

黎冰

■ 教学楼走廊

杭州未来科技城第一小学
THE FIRST PRIMARY SCHOOL OF HANGZHOU FUTURE SCI-TEC CITY

设计单位：中国美术学院风景建筑设计研究总院
设计人员：王 伟 滕 起 李醉吟 胡 斌 郑佩文 张柯婷 王震林 郭飞翔
　　　　　彭琪雯 谭 激 马艳婧 徐胡杰 蔡建忠 夏佳颖 雷国龙
项目地点：杭州市未来科技城核心区
设计时间：2013年3月
竣工时间：2015年6月
用地面积：3.8683万平方米
建筑面积：4.4958万平方米/地上3.3971万平方米/地下1.0115万平方米
班级规模：36班

晶莹水滴
综合体校园
■ 这座4层高的教学综合体建筑有着水滴般的造型和柔和的曲线，它是位于杭州未来科技城核心区内的36班的完全小学。建筑在满足规范的前提下，完全突破了传统的行列式、兵营式的"中国式学校"的布局模式，采用高效紧凑的集中的教学综合体模式，最大限度地整合建筑空间，缩短教学流线，提高使用效率。在综合体中镶嵌了数个不同主题的水滴形内院，这些内院既提供了自然采光和通风，也是各个教学空间彼此差异化的景观核心。低年级教学区、高年级教学区分别位于建筑南北两端，成组团布置，相对独立并各自拥有完整的教学配套设施；建筑中部与建筑底层大部分区域为公共共享区，承担了建筑绝大部分的共享功能，并将两大教学区紧密地联系在一起。

高情感校园
■ 与传统学校以课堂为中心不同，这所学校接轨国际办学理念，注重高情感体验和开放交流，校园是孩子们的社会，孩子们在这里学习沟通与相处。在教室、年级、校级都布置了不同尺度的交流空间，并适度放大了走廊等公共空间，增进互动与交流。教室、图书馆、餐厅等公共空间均强调了功能的多样性和灵活性，教室通过家具的样式满足不同形式的教学需要，并通过储藏柜、电脑、休闲沙发等家具设施营造家庭化氛围。

新形象校园
■ 建筑的造型设计上以孩子们天真活泼的天性为灵感展开设计，整体意象宛若"晶莹的水滴"，一个个大小不一的圆锥形空间支撑起轻灵的建筑体量，倒锥形圆润的透明玻璃体有规律的排列，与深挑的白色水平遮阳板形成对比，处处透露着活泼与轻盈，与未来科技城"活力之城"的主题不谋而合。

绿色三星校园
■ 这所学校通过了严格的绿色三星认证，地上采用钢结构，建筑材料均使用高标准环保建材，通过布局、架空、内院等处理，整个校园都拥有良好的采光和通风。地源热泵、太阳能、雨水收集、中水回收、全新风等先进设备系统都得到了综合利用。

■ 总平面图

■ 本项目采用教学综合体模式，即把所有功能整合到一个建筑体内，最大限度地整合建筑空间，缩短教学流线，提高使用效率。

■ 在功能设置上充分考虑当代教育的特点，依据空间的使用频率进行组合，使用频率越高，流线越短。将标准教室、计算机语言教室、年级交流区等高频使用的空间及厕所、教师办公室等附属空间组成教学组团，保证大多数教学活动能在组团内完成。专业教室为代表的中频空间依据功能整合为音乐中心、美术中心、劳技中心及自主学习中心，资源共享。体育馆、报告厅等低频空间布置在相对独立的位置，方便对外开放。

■ 普通教室平面图

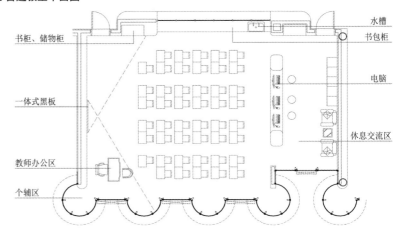

水槽
书柜、储物柜
书包柜
电脑
一体式黑板
休息交流区
教师办公区
个辅区

■ 教学楼剖面图

1 风雨操场
2 乒乓球室
3 机房
4 走廊
5 音乐教室
6 教师俱乐部
7 庭院

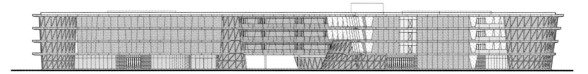

■ 教学楼东立面图

■ 校园东侧全景

■ 教学楼主题内院——谷之庭

■ 教学楼主题内院——丘之庭

■ 教学楼主题内院——林之庭

■ 教学楼二层平面图

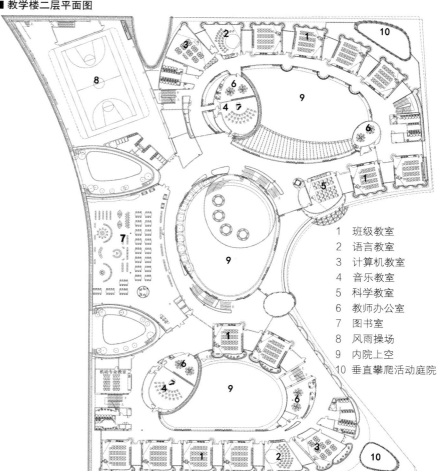

1 班级教室
2 语言教室
3 计算机教室
4 音乐教室
5 科学教室
6 教师办公室
7 图书室
8 风雨操场
9 内院上空
10 垂直攀爬活动庭院

■ 教学楼水平遮阳与锥形窗

■ 教学楼主楼梯

■ 教学楼开敞外廊空间

■ 教学楼平台绿化

■ 教学楼屋顶花园

■ 教学楼露天小剧场

■ 校园主入口

■ 普通教室实景1

■ 普通教室实景2

■ 多功能教室

■ 图书室

■ 学生餐厅

■ 风雨操场

专家点评

■ 杭州未来科技城第一小学的设计，较大程度地打破了现有的小学模式，在设计方法和理念上，都有一些亮点，是一个真正意义上的教学综合体，较具特色。特点在于：

■ 1. 对最关键、基本的教室空间形制进行了较大的调整，使教室变成一个可以适合多种活动的复合的教、学、交流空间；

■ 2. 结合学生的使用频率，对教学各功能区块的空间组合关系进行了整合，使其在使用中可更方便、高效。三个椭圆形庭院，除了建筑解决采光的问题，也增添空间的趣味性，符合学生的心理特点；

■ 3. 结合学生的实际需求、功能区块的整合，设计了大量的公共空间，满足学生的情感体验和课外活动的需求，也打破了传统的以教室为中心的模式；

■ 4. 造型结合教学综合体的理念，采用简洁理性的水平线条，辅以波浪形的以玻璃材质为主的墙面，生动、活泼，较好地体现了小学教育建筑的特质。

■ 该项目如果说稍有不足的话，主要在于以下两点：
1. 椭圆形内庭院周边的少量教室可能日照不够充分；
2. 音乐教室与教室距离过近，可能存在声音的干扰。
但瑕不掩瑜，建筑师对学校建筑的探索值得赞赏。

姜传锑

■ 校园鸟瞰图（校园暮色）

杭州市余杭区时代小学
HANGZHOU SHIDAI PRIMARY SCHOOL

设计单位：中国美术学院风景建筑设计研究总院
设计人员：王　伟　李醉吟　耿光辉　郑佩文　张思良　孟乐挺　滕　起　黄　征
　　　　　郭飞翔　周　勤　曹忠华　雷国龙　傅建祥　张　剑　王品锋
项目地点：杭州市余杭区天都城
设计时间：2009年6月
竣工时间：2012年8月
用地面积：2.9122万平方米
建筑面积：2.8665万平方米/地上2.4755万平方米/地下0.391万平方米
班级规模：24班

重识校园

■ 杭州市余杭区时代小学位于杭州市余杭区天都城，建筑面积2.8665万平方米。这是一座真正意义上的教学综合体，一所充满细节关怀的人文化校舍，一座技术卓越的高性能学校，一座色彩鲜明的个性化建筑，一所寓教于景的风景中的小学，也是一座代表着前沿教学理念的先锋校园。

纯粹的教学综合体

■ 突破了传统行列式、分散式布局，将所有功能用房有机整合成一个建筑整体，最大限度地缩短了教学流线，提高了使用效率。

低层——孩子的尺度

■ 主体控制在3层，充分利用平面空间，减少垂直交通。每个教学组团都具备完整的教学系统。建筑布局上，将最好的朝向留给主要空间；强调遮阳和光线控制；北向主入口引入了空间曲面玻璃，使背阴的入口也能获得充足的光照。

高度统一的设计语言

■ 具有极强的整体感，圆弧的设计母题贯穿始终，建筑外观拥有极强的雕塑感，室内空间柔和细腻，建筑整体风格活跃而不失统一。

多种教学方式的组合

■ 在传统教学的基础上结合数字化、立体化、体验式教学等新型教学模式,功能模式有一个大胆突破，效率更高，性能更强，但同样具备传统校园的人文化情怀，代表着未来教育建筑的一大发展趋势，是一所真正属于孩子的校园。

将色彩进行到底

■ 色彩设计上选用学校的主题色——玫红，配以沉静的灰绿，不经意间让人联想起江南夏日的荷塘，色彩的大胆运用使建筑增添了几分鲜活和灵动。室内色彩的设计也同样延续了建筑设计的色彩系统，整体室内装饰风格色彩明快，主题突出。

■ 教学楼西南侧全貌（柔和的色彩过渡）

■ 教学楼东北侧全貌

■ 总平面图

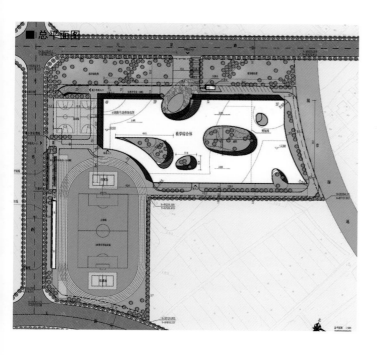

■ 平面功能分区图1

| 运动区 | 公共空间 | 教学区 |
| 宿舍区 | | 教学区 |

■ 平面功能分区图2

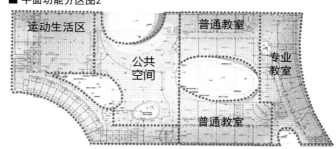

运动生活区　普通教室　专业教室　公共空间　普通教室

■ 结合儿童的年龄特点，本次设计很好地做到了技术服务于功能。建筑布局上，将最好的建筑朝向留给教室、宿舍等主要空间；在东向专业教室的处理上，合理计算了太阳高度角的影响，以宽大的挑檐避免了直射光的干扰；普通教室中飘窗的设计，内院中遮阳板的加入大大方便了室内光线的合理控制；北向主入口的设计中更是引入了空间曲面玻璃的设计，使原本背阴的入口在全天的大部分时间里也能拥有充足的光照，其独创的带框点抓式设计，在解决曲面造型问题的同时，也保证了良好的热工性能；平面设计中交流空间的设置，室内设计中的细节处理均体现了设计为使用服务、为提升建筑性能服务的设计之本。

■ 建筑主体控制在3层，充分利用平面空间，减少垂直交通。其次强调功能整合，专业教学空间平均地分配到高、中、低年级三个教学组团中去，使每个教学组团都具备完整的教学系统。最后根据空间的使用频率组合空间，真正方便了使用。

■ 楼层功能分区图

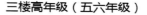

三楼高年级（五六年级）

二楼中年级（三四年级）

一楼低年级（一二年级）

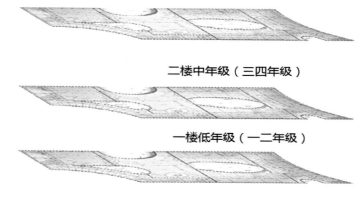

■ 教学楼二层平面图

1　班级教室　2　语言教室　3　计算机教室　4　美术教室　5　科学教室　6　音乐教室　7　劳技教室　8　录播室
9　交流区　10　教师办公室　11　行政办公室　12　接待会议室　13　宿舍　14　风雨操场　15　内院上空

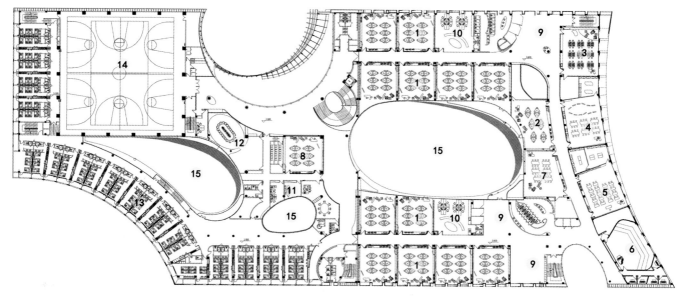

■ 雪中起舞的雕塑

■ 图1～图4　圆弧的设计母题

图1　　　　　　　　　　图2　　　　　　　　　　图3　　　　　　　　　　图4

■ 教学楼立面组图

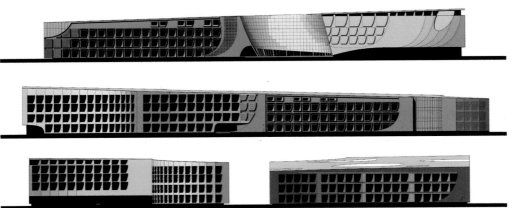

■ 建筑、室内、景观语言高度统一，具有极强的整体感和风格。在建筑造型设计上充分体现童趣，从建筑设计直至室内设计中的细节处理均以圆弧的设计母题贯彻始终，建筑外观拥有强烈的雕塑感，而室内空间又显得柔和细腻，建筑整体风格活跃而不失统一。色彩设计上选用学校的主题色：玫红，配以沉静的灰绿，不禁让人想起江南夏日的荷塘，色彩的大胆运用，使建筑增加了几分鲜活与灵动。主入口异形玻璃墙选用了6种不同色彩的彩釉玻璃，逐步由红转绿，很好地衔接了红绿两块建筑体量，使整个校园入口设计显得和谐而生动。

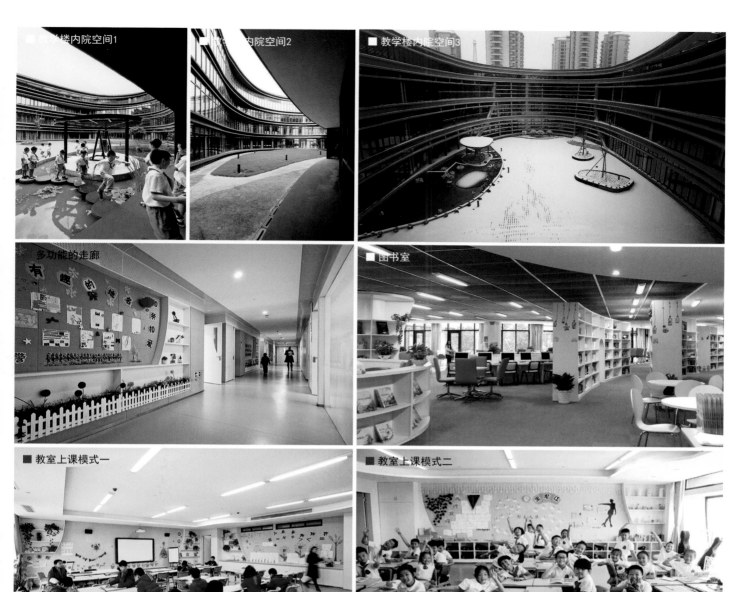

■ 教学楼内院空间1　　■ 教学楼内院空间2　　■ 教学楼内院空间3

■ 多功能的走廊　　■ 图书室

■ 教室上课模式一　　■ 教室上课模式二

■ 教室平面图

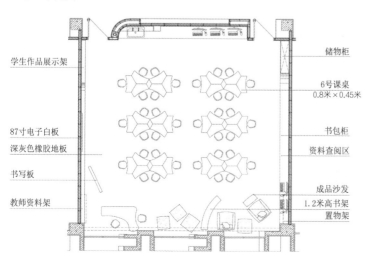

学生作品展示架

87寸电子白板

深灰色橡胶地板

书写板

教师资料架

储物柜

6号课桌
0.8米×0.45米

书包柜

资料查阅区

成品沙发

1.2米高书架
置物架

专家点评

■ 与我们通常所见的行列式布置的校园不同，该学校设计者大胆地采用了"教育综合体"的方式，把教学区、生活区、办公区乃至部分文体活动区布置在一座建筑内，形成了一个功能布局合理、流线组织清晰、空间紧凑集约、使用效率较高的教育综合体，一个学校就只有一座建筑，体量大、整体性强，给人以深刻的视觉印象。在教学模式方面，该设计也结合我国的教育改革方向在教室空间布置方式上进行了有益的探索，更好地促进了学生间的交流和互动。建筑造型和立面设计追求统一和变化的平衡效果，建筑外观雕塑感较强。在外立面色彩的处理上设计者较为大胆，运用了红和绿等对比色，由于在饱和度和明度及色彩过渡方面处理得当，整体效果比较和谐。总而言之，这是一座设计理念新、设计手法新、视觉冲击强的"教育综合体"。

许世文

■ 小学部西北角

江 北 城 庄 配 套 学 校
JIANGBEI CHENGZHUANG SCHOOL

设计单位：宁波市房屋建筑设计研究院有限公司
　　　　　上海地东建筑设计事务所
设计人员：谭子成　崔　哲　顾　萍　曾宝玺　李战军　叶秀平
项目地点：宁波江北庄桥
设计时间：2011年3月
竣工时间：2012年12月
用地面积：0.5442万平方米
建筑面积：0.4401万平方米
班级规模：54班

三明治

■ 我们需要一个零距离的交流空间，因此我们在空间上进行了竖向的规划，建筑的功能在竖向上分区形成"三明治"式的空间格局。将传统校园规划分区中的基本教学区、专业教学区、教学辅助区、生活服务区、行政办公区进行重组与合理的空间规划。合并的依据是在于一种面积上的可能性和功能上的不交叉干扰。组合后进行竖向的排布，达到我们所要的竖向规划效果。

■ 没有传统意义上的分区，我们引入了插入的概念，将大空间如图书馆、食堂、风雨操场、小剧场等空间插入教学空间，而且形体突出。这些插入的体块很自然地让内部空间丰富起来。带来了一种前期设计不可预知的空间效果。

■ 校园整体鸟瞰图

中学部入口

■ 小学部入口

中学部教学楼

■ 小学部教学楼

行政楼

■ 总平面图

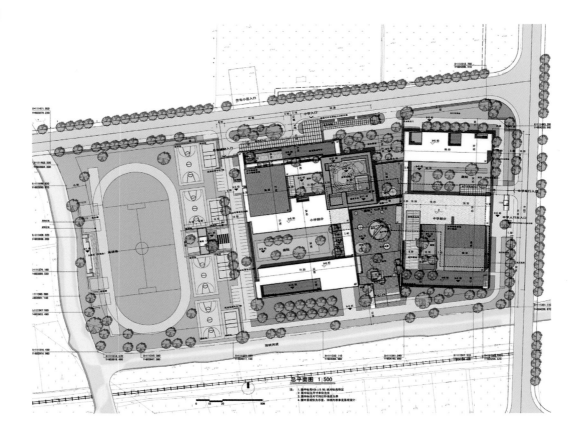

总平面图 1:500

■ 一层平面图

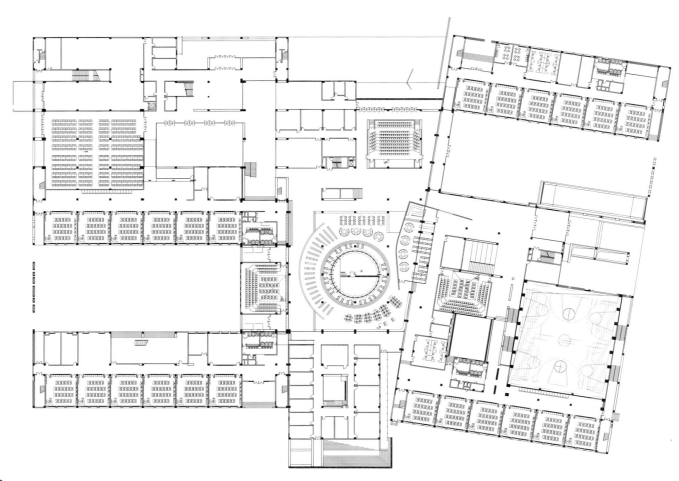

■ 图书馆屋顶平台

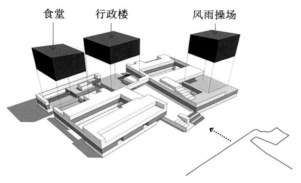

食堂　行政楼　风雨操场

■ 行政办公楼、食堂、风雨操场、小剧场、图书馆大空间分别插入教学楼内，而且体型突出。这种插入手法使整个建筑外形变得很丰富，内部空间组合也很丰富。

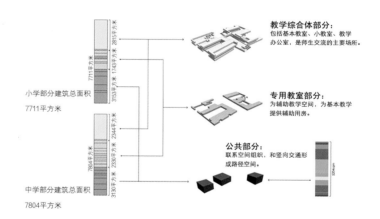

小学部分建筑总面积
7711平方米

中学部分建筑总面积
7804平方米

教学综合体部分：
包括基本教室、小教室、教学办公室，是师生交流的主要场所。

专用教室部分：
为辅助教学空间，为基本教学提供辅助用房。

公共部分：
联系空间组织，和竖向交通形成路径空间。

■ 小学部西立面图

■ 中学部东立面图

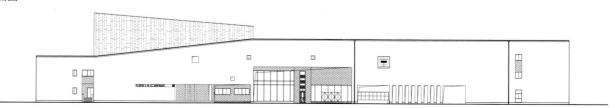

■ 中学部庭院

■ 行政楼内院

■ 室内篮球场

■ 图书馆

■ 报告厅

■ 合班教室

专家点评

■ 中小学建筑由于其较强的功能性和经济性，导致大量学校建筑形式上大同小异，如何突破是建筑师面临的一个难题。齐白石曾经说过："学我者生，仿我者死"，道出了创新是艺术创作永远的真谛。江北城庄配套学校在中小学校设计突破创新上做出了积极有益的探索。设计结合项目用地的实际情况，将校园设计功能分区中传统的基本教学区、专业教学区、教学辅助区、生活服务区、行政办公区进行了重新梳理。设计提出了"零距离的交流空间"理念，在空间上进行了竖向的规划。在建筑的功能上形成竖向上下分区的空间格局，然后把大体量的公共空间如图书馆、食堂、风雨操场、小剧场等空间穿插于教学建筑之间。通过建筑功能的重新规划和重组，既创造了新的建筑功能模式，也丰富了校园建筑空间的层次变化，同时还为建筑的立面带来了崭新的视觉感受。

徐一鸣

■ 中学部东南角

■ 校园一角

宁 波 滨 海 国 际 合 作 学 校
NINGBO BINHAI INTERNATIONAL COOPERATION SCHOOL

设计单位：CCA+宁波大学建筑设计研究院有限公司
设计人员：陆　海　陈　健　翁晓敏　陈孟锦　娄礼伟　朱　仁　赵凌云　赵　丹
　　　　　赵天传　余志峰　顾友文　谢红雷　郑科杰　朱建成　陈　坚
项目地点：宁波市北仑区
设计时间：2010年12月
竣工时间：2014年5月
用地面积：13.8279万平方米
建筑面积：7.9436万平方米
班级规模：72班

"场所精神"的校园设计实践

■ 设计包含两个层面的思考，既有对现行教育的反思，也有对教育建筑和场地、环境的思考。理念上以学生为本，从应试与学习、精神与心理、责任与社会、快乐与自然、体魄与毅力等方面的研究出发，结合国际合作学校寄宿制、大年龄跨度特点，提出我们的理解和全新的设想。

■ 人的行为发生的载体是"场所"，而场所并不一定是狭义上的建筑。在滨海国际学校的校园规划中，最重要的实践是"场所优先"。分析并尊重学生们在学习和生活中最可能发生的行为，在设计中为这些行为设置对应的场所，这是最重要的理念。同时，因为人类知识和思想的成长绝不仅限于教室之内。所以，"教室之外"空间的设计，也成为此次设计的重点思想。

建筑设计

■ 在建筑单体的设计上，采取不同的设计策略。在中央轴的设计上，通过底层开放、灵活布局、层间交叉、材料异化、形体多变等手段，形成兼具行走和活动乐趣的自由开放空间。在教学楼设计上，则采用强调合理性和效率性的原则，宽大的走廊和楼梯、高效率的连接廊道和平台、无处不在的绿色环境，使得课间休息的穿梭和课后的活动成为愉快的过程。灰色墙砖和倾斜的檐口，抽象地产生了江南传统建筑的联想。考虑到学前儿童的特点，幼儿园采取了自由的平面布局方式，并以年级为单位形成小组团关系，各个组团通过风雨环廊连接成充满童趣的空间。考虑到小学和初中生的自律能力与高中生的不同，对于小学及初中宿舍采用方便管理的外廊式宿舍。而对高中宿舍，则采用更具有私密性的单元式宿舍设计。并利用折板争取更好的日照和朝向，并因此形成建筑立面独特的节奏和韵律变化。

■ 整体鸟瞰

实验楼连廊平台外墙

幼儿园行政楼二层平台

■ 中轴南立面

公共中轴与九年一贯衔接空间

■ 校园主入口

教学连廊进入实验楼二层入口

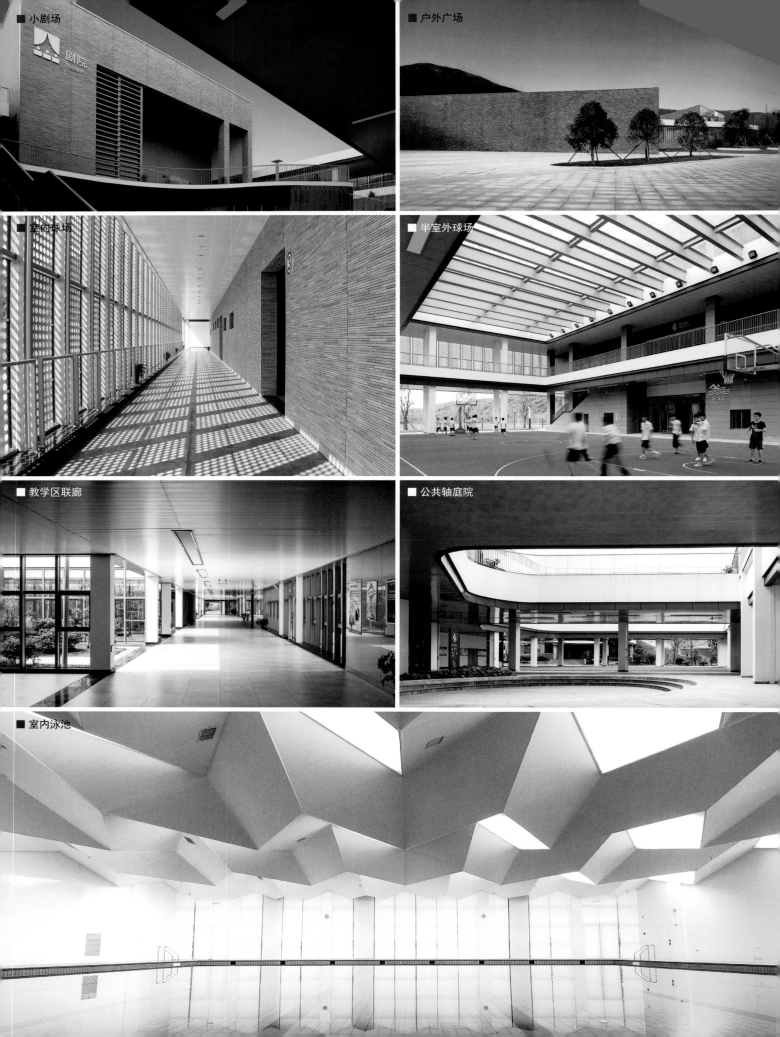

■ 小剧场

■ 户外广场

■ 室内球场

■ 半室外球场

■ 教学区联廊

■ 公共轴庭院

■ 室内泳池

■ 教学区联廊

■ 用高度概括的方式来总结校园结构，可以描述成："一轴两线，三片，六带，八点"。

■ 一轴两线：中央公共功能轴、北校区综合联系线、南校区综合联系线。

■ 三片：学前教育片、九年义务教育片、高中片。

■ 六带：城市开放带、户外学习带、核心景观带、功能联系带、健康运动带、园区生态带。

■ 八点：门户印象节点、义务教育片区入口节点、义务教育片学习区活动节点、义务教育片生活区景观节点、高中片入口节点、高中片学习区活动节点、高中片生活区景观节点，园区生态联系节点。

■ 一轴两线

■ 三片

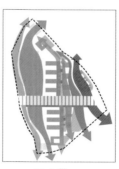

■ 六带

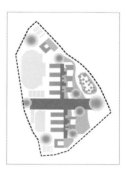

■ 八点

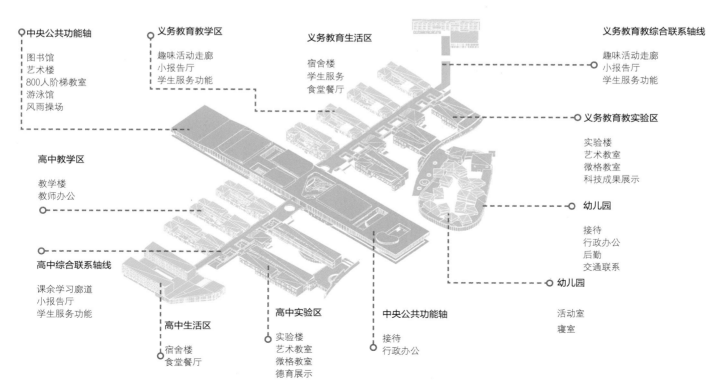

中央公共功能轴
图书馆
艺术楼
800人阶梯教室
游泳馆
风雨操场

义务教育教学区
趣味活动走廊
小报告厅
学生服务功能

义务教育生活区
宿舍楼
学生服务
食堂餐厅

义务教育教综合联系轴线
趣味活动走廊
小报告厅
学生服务功能

义务教育教实验区
实验楼
艺术教室
微格教室
科技成果展示

高中教学区
教学楼
教师办公

幼儿园
接待
行政办公
后勤
交通联系

高中综合联系轴线
课余学习廊道
小报告厅
学生服务功能

幼儿园
活动室
寝室

高中生活区
宿舍楼
食堂餐厅

高中实验区
实验楼
艺术教室
微格教室
德育展示

中央公共功能轴
接待
行政办公

■ 幼儿园东侧立面

■ 幼儿园风雨廊

■ 幼儿园内景

■ 幼儿园庭院

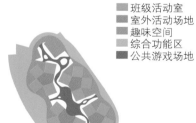

■ 班级活动室
■ 室外活动场地
■ 趣味空间
■ 综合功能区
■ 公共游戏场地

● 自由路径

■ 自然绿地
■ 阳光房
■ 日晒木铺地

有序的 Sequentia

■ 幼儿阶段的孩童一大特点是群聚。他们的依赖性很强，缺乏生活自理能力。所以，首先这里有属于他们的领域，以培养团队合作素质、塑造集体感

自由的 Free

■ 活泼好动、好奇心是幼儿阶段孩童的共性，通过自由的建筑布局和多选择的路径，激发孩子们的探索欲和想象力

自然的 Natural

■ 对于幼儿阶段的孩童来说，成长环境最需要的是：自然的环境和新鲜的空气和充足的阳光

■ 九年一贯教学连廊二层平台

■ 从教学连廊二层平台看实验楼

■ 总平面图

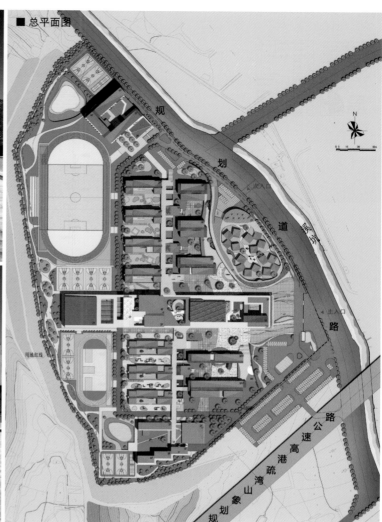

■ 中央公共功能轴立面一层平面图

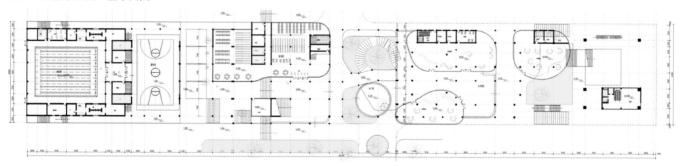

■ 中央公共功能轴立面图

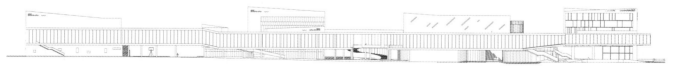

专家点评

■塑造一个极富"场所精神"和"不同策略应对"的大年龄跨度的"国际合作学校"显然是个挑战。项目设计能够从"不同年龄段的使用者"本体出发，结合对现行教育的反思和对教育建筑的场地、环境的思考，尤为可贵。重要的是，思考的深度和表现的结果较为一致与深入。

■面对信息量巨大、功能复杂的大型多年龄段学校，建筑设计在单体的表现上没有放弃对地域环境的表达，能够适度提炼和表现当地文化，而没有一味地为文脉而文脉，足显设计者的理性与克制。

■最为出彩的是"一轴两线，三片，六带，八点"的总图概括，以及在整体理性的关系下，对幼儿园的"有序性"、"自由性"和"自然性"的设计研究与表达，使得整个设计"思考完整，表达深入，呈现的效果理性中见感性，表象中见到里子"。

■用场所精神反映教育对象的行为特质，而不是用表象处理哗众取宠，是该设计的成功所在。

胡慧峰

■ 艺术楼

慈 溪 中 学
CIXI MIDDLE SCHOOL

设计单位：浙江省建筑设计研究院
设计人员：许世文　裘云丹　范晓军　王海波　杜　昕　叶兢侃
　　　　　李骏嵘　陈志刚　卢云军　钟亚军　彭国之　王念恩
　　　　　王　润　蔡晓峰　楼　平
项目地点：慈溪市白沙路街道
设计时间：2012年11月
竣工时间：2015年12月
用地面积：13.8667万平方米
建筑面积：11.7958万平方米
班级规模：72班

园院相融，因水而生

■ 园林文化："一进院，二进堂"，古时的学院庭府，总有廊亭树池相伴，鸟鸣相间，伴以朗朗书声。井然有序的建筑群，曲折有致的连廊亭台，雅趣景然的水影律动，构成了新慈溪中学典型园林式的院落布局。以学者，随坐于院堂一隅，以书为伴，乐在其中；以游者，婉转于园林之间，应景而息，怡然自得。亦园亦院的学堂氛围，使得新慈溪中学，在严谨教学中又不失轻松休闲，体现了园林式的校园文化。

■ "一围"——水润万物，围房而圈。

■ 以景而围：在绿树矮墙的环绕下，我们在学校南侧以校园文化墙相围，避免单纯围墙带来的空间割裂感，而以景观的手法，文化的方式做空间的软隔离，同时使得整个学校沿南侧主要城市道路展现出浓郁的文化气息。校园东侧沿城市河道以学生休闲学习带相围，学生在这里可以漫步其间，休憩晨读。

■ 以水而围：我们将地块西侧水系引入校园并贯穿围绕期间，使得整个校区内绿树水系相互映衬，展现出江南水乡书院的独有风貌。

■ 以院而围：新慈溪中学的校园区块以院落式围合而成。院落的组成是功能形态的自然表达，就着江南水乡水系环绕的有利环境，各功能错落排列在庭院空间，曲折幽深的空间层次递进，收放有度的空间尺度组合，主次纵横形成的节奏变化，我们将之抽象化、概念化，糅合于现代校园的空间组织，宛若天成。

■ 围合而成的院落集教学、实验、艺术、行政、办公、食堂、体育游泳馆于一体，形成一个完整的教学综合体，学生的日常教学活动均在院落区内完成。建筑间加以绿院小径环绕，穿插在日常行政、办公、教学之间，松弛有度，益于身心，为学生学习、教师办公提供了静谧却不沉闷的教学环境。

■ 清晰分区：整个校区，经空间纵轴划分后，清晰自然地呈现出三区块，即：主入口的"行政中轴区"、纵轴西侧的"体育活动区"，以及纵轴东侧的"教学生活区"。西侧的体育活动区，主要设有游泳馆、体育馆、400米标准田径场地、篮球场、排球场等，体育游泳馆设于地块南侧，靠近西侧及南侧城市道路。这样的区块布置，既很好地缓解了地块西侧城市快速路对学校环境产生的影响，也方便体育设施向社会开放，符合学校体育资源为社会共享的指导原则。

■ 功能分区图

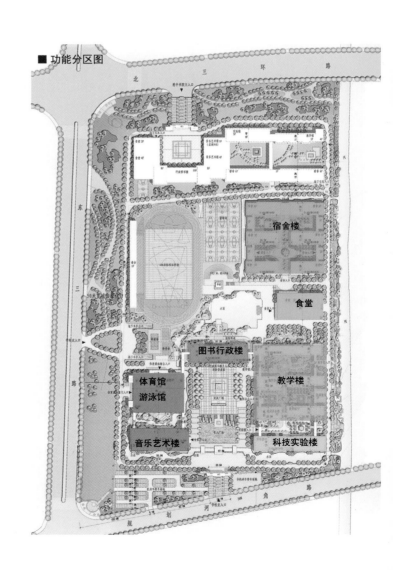

校前广场

实验楼

教学楼组团

教学楼

■ 行政楼二层平面图

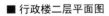
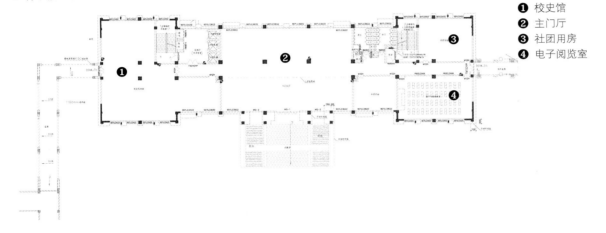

❶ 校史馆
❷ 主门厅
❸ 社团用房
❹ 电子阅览室

■ 体育馆一层平面图

❶ 篮球场
❷ 辅助用房
❸ 健身体艺用房

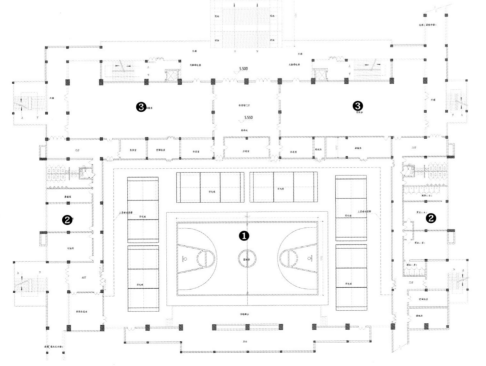

■ 在整个校区规划中，我们以园林式的空间景观形态来表达整个校区内各部分的呼应。院落将各个建筑组织起来，再通过庭院尺度的大小来进行主次空间的区分。校区的景观布画，由现代、大气的前广场开场，环廊步道，串联着各具风格的人文景观小庭院，又转而收于典雅、朴实的生活广场，一气呵成，大气婉约。相互环绕、穿插的大小庭院，加上变化的交通空间，形成校园内既有宜人尺度，又富有层次的空间形态。

144

教学楼
A

广场一角

■ 教学楼平面图

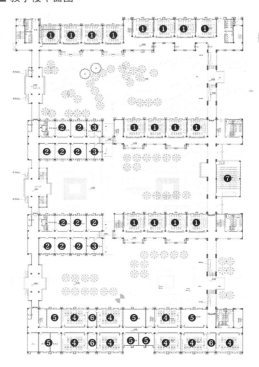

北

❶ 教室
❷ 考务室
❸ 教研室
❹ 实验室
❺ 仪器室
❻ 准备间
❼ 阶梯教室

■ 艺术楼平面图

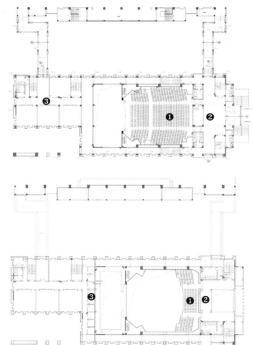

❶ 观众座席区
❷ 门厅
❸ 辅助用房

■ 教学楼立面图

■ 校门

■ 体育馆及艺术楼

■ 东侧的教学生活区，分为教学区及生活区。教学区内各教学实验楼以连廊环通，教师办公和教室紧密联系，学生的日常教学活动均可以在区域内完成，以方便日常教学活动，缩短教学流线。连廊又与行政中心区相连，使办事路线更便捷，提高工作效率。由廊围合而成的内庭院，穿插在办公、教学、实验之间，松弛有度，益于身心。为学生学习、教师办公提供了静谧却不沉闷的教学环境。生活服务区主要为食堂及学生宿舍区，为老师、学生的生活提供各种服务便利。宿舍位于该区块北侧，自成院落，除了满足学生的住宿需求外，还配有小卖部、理发室等服务用房。食堂位于教学行政区和宿舍区之间，以方便教师学生在不同的功能区域时的就餐问题。各个功能区块都以风雨连廊相连，连廊入院，连廊入楼，既方便了学生老师便捷地出入各个楼体之间，又增加了校园内园林景致的趣味性。

专家点评

■古之学校谓之书院，多建于山林僻静之处。体现了古人对人与自然关系的理解和天人合一的世界观。老子说："人法地，地法天，天法道，道法自然。"这大体上体现了古人对人与自然，学习与自然的关系的认识。慈溪中学迁建工程"因水而生，园院相融"，正是继承了古时书院的人文精神和空间内涵。校园院落式的空间布局，是基于学校功能形态的自然表达。而在空间序列组合和庭院空间的布置上，曲折幽深的空间层次推进，收放有度的空间尺度组合，主次纵横节奏的变化，体现了设计师对建筑空间、比例尺度把握的功力。设计把场地西侧水系引入校园并贯穿其中，使得整个校园绿树碧水和建筑交相辉映，更是该项目的神来之笔，展现出江南水乡书院独特的风貌。学校整体设计功能布置流线紧凑合理，建筑立面处理简练大气，院落景观层次丰富，精致细腻。特别是建筑细部处理如围墙、连廊等细节上都十分到位，既解决功能需求，又为校园建筑园林景观添彩。

徐一鸣

■ 教学楼剖面图

■ 学校主入口

浙江省杭州第七中学
THE HIGH SCHOOL OF ZHUANTANG
ZHEJIANGHANGZHOU NO. T HIGH SCHOOL

设计单位：浙江省建筑设计研究院
设计人员：姚之瑜　张细榜　阮良通　张瑾　王恒军　楼卓　马慧俊　王燕鸣　汪新宇
项目地点：杭州西湖区转塘西部
设计时间：2007年
竣工时间：2010年
用地面积：8.2297万平方米
建筑面积：5.4846万平方米/地上5.2518万平方米/地下0.2328万平方米
班级规模：45班

设计理念及特点
整体设计　多元共融
■ 浙江省杭州第七中学的设计，始终贯穿着建筑、规划、园林三位一体的整体设计思想，我们从基地环境为出发点，经业主确定，以南侧为学校主入口，并将其扩大为校前广场。由于南侧为320国道，我们将主教学楼呈院落形设于基地北侧，远离城市交通的干扰。沿320国道侧布置行政楼、综合楼，田径场东端设体艺楼。而学生宿舍以及食堂设于北侧端部，西侧为400米田径场及看台。教学区、行政区、运动区各部分功能分区明确，联系便捷。在此基础上，我们又从整体环境及学校个性为出发点，以院落体系组织空间，形成了多进院落连通、空间层次丰富、景观环境幽雅、交流氛围浓郁、整体协调秀美的校园环境。

活动空间　丰富层次
■ 院落空间是浙江省杭州第七中学的空间主题，院落所产生的围合感、安全感、亲切感正符合学校的个性需求，但过分强调则会产生呆板感。因此，我们在设计过程中将不同功能的空间或叠合或开放或渗透，由此产生的不同的语境，转而产生不同的意境，如开敞大气的前区广场与教学楼围合成的方形庭院空间通过底层架空得以渗透，而前区广场又通过斜向道路与小品的引导向运动区及生活区逐步延伸，庭院之间的连廊、过街楼或架空廊连通，为师生创造了一系列人性化的交往和休闲空间。

文脉延续　开拓创新
■ 由于浙江省杭州第七中学的前身为杭州安定学堂，具有百年的学史，因此文脉的延续将使新学校更显历史的积淀和厚重，我们在设计中截取了安定学堂的最具特色片段——钟楼，但并非简单搬，而是将之与现代的建筑融于一体，从而更具新意。钟楼位于学校主广场的东侧，与教学楼结合成一整体，其至高点对广场具有制约作用，新旧结合的立面在造型上形成独特而别致的风采。而整体建筑力求体现学校美术专业的办学特色和历史文脉，以简练、明快的手法构筑建筑外部空间环境，体现建筑的历史人文性格和空间的多样性。通过对江南民居建筑特殊符号和色彩的提炼，与现代建筑材料相结合，在表达建筑自身的同时更传递一种江南所特有的儒雅的个性。如以白墙、青砖为基础色调，点缀深色木构架，并配以深灰色坡屋顶，从而使整体建筑群在空间与环境水乳交融，绘出一幅传统与现代的立体画卷。

■ 教学楼侧面

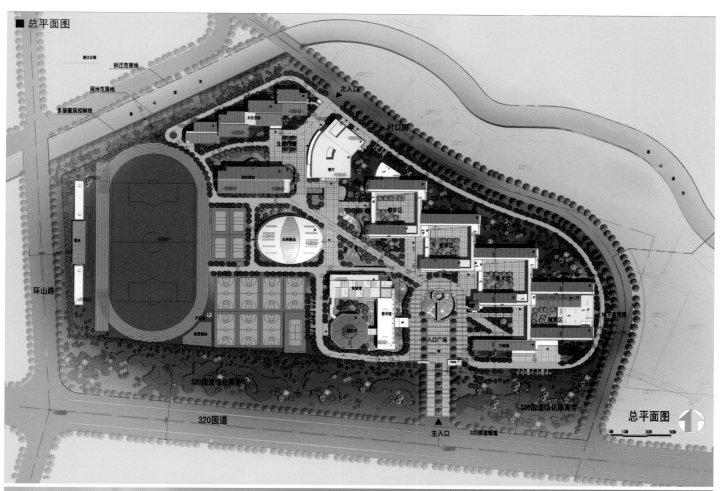

■ 总平面图

拆迁范围线
用地范围线
多层建筑控制线

次入口

村口路

女生宿舍

生活服务楼

餐厅

教学区

教学区

美术区

看台

风雨操场

环山路

图书馆

报告厅

美术区

地下室范围

次入口广场

行政楼

320国道绿化隔离带

320国道绿化隔离带

320国道

主入口

320国道辅道

总平面图

0M 10M 30M 50M

■ 学校生活区广场

■ 教学楼·秋日（摄影：张圣东）

教学楼·夏日

■ 行政美术区一层平面图　　　　　　　■ 普通教室区一层平面图

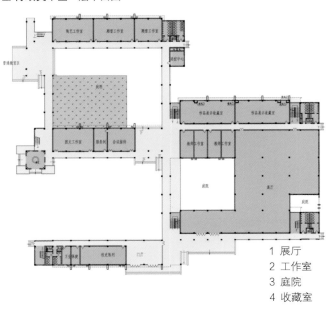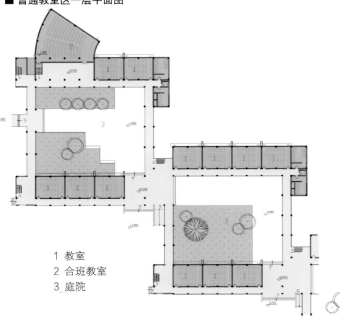

1 展厅　　　　　　　　　　　　1 教室
2 工作室　　　　　　　　　　　2 合班教室
3 庭院　　　　　　　　　　　　3 庭院
4 收藏室

■ 学校教学楼立面图1

■ 学校教学楼立面图2

■ 学校教学楼立面图3

■ 教学楼立面

■ 教学楼连廊

■ 教学楼庭院

专家点评

■ 该项目设计综合地形、环境和人文等要素，选择了中国古典园林与现代校园空间结合的布局手法，营造出具有江南特色的校园环境和空间特点。

■ 在总体布局上，以院落空间作为校园整体空间的基本单位，采用围合、错落等不同手法来互相串联，获得了丰富的空间层次和效果。各院落空间收放自如，开合有致，巧妙展现出江南园林因地制宜、不拘一格、步移景异的环境特点。

■ 建筑形态延续江南传统建筑与现代风格相结合的特点，以黑白灰褐为基调，充分体现江南建筑典雅写意的文化背景。建筑立面元素简洁平和，符合杭州转塘区域自然生态的大环境特点，具有较好的场所精神。

■ 杭七中是杭州著名的中学学府，尤以美术教学闻名杭州，中国美术学院也落户杭州转塘，新杭七中的设计，在一定程度体现出中国传统艺术轻松写意、道法自然的情怀。

李怡群

■ 体育馆

温州森马协和国际学校
WENZHOU SENMA ASSOCIATION AND INTERNATIONAL SCHOOL

设计单位：温州设计集团有限公司
设计人员：吴 然 罗 弼 项 浦 项瞻远 李小龙 金盈盈
　　　　　张汇卉 周 凯 谢丽君 陈伟伟 张俊杰 蔡 烽
　　　　　黄苗周 陈 军 李 伟 钱 康 陶建新 连敏敏
　　　　　柯将秀 吴 瑶 魏舜翼 夏 盛
项目地点：温州市瓯海区
设计时间：2014年9月
竣工时间：2016年12月
用地面积：10万平方米
建筑面积：总6.5万平方米/地上6.4万平方米/地下0.1万平方米
班级规模：80班+9班幼儿园

"智慧钥匙"：综合体校园
■ 温州森马协和国际学校是由森马集团捐建，建成后引入上海协和教育
集团管理的一所K-12制国际化民办学校。项目总体布局南北展开犹如一
把智慧钥匙，将教学区、公共活动区和生活区紧密串联在一起。但不同于
传统中国式学校的布局的是，一条8.4米宽的公共走道（也是学生活动展
示空间）将各功能空间联系在一起，且在走道两侧布置了7.2米通高的协
和大厅、室内游泳池、500人室内剧场、图书馆、食堂等设施，最大限度
缩短交通流线，提高整体使用效率，同时做到了学生可以在建筑中风雨无
阻地穿行。

"森"（深）藏若虚
■ 建筑错落有致地沿道路界面连续展开，形成一个南北长达200多米的群
体建筑，并构建了室内和室外二层屋面、两个南北联系通道，特别是在室
内交通主流线上，连接了多个尺度不一、主题各异的内院。内院的设置既
有效解决了综合体内部的采光通风问题，同时与走道放大空间形成趣味互
动，改变了传统内走道空间乏味单调的弊端。而二层室外屋面通道更是成
为学生课后活动、交流和欣赏校园景色的综合性功能平台。

中西"和"（合）璧
■ 作为国际学校，学校的教育模式和文化结合了中西方教育文化的优
点。我们希望学生也能在根源于西方的现代校园建筑中找到中国传统建筑
的影子和精髓，唤起对传统文化的共鸣。因此在建筑的立面细部处理上，
借鉴了中式建筑的一些符号和元素。特别在室内开放空间的设计上，我们
有意融入了中国传统的院落空间，把自然元素引入建筑中，并将园林的构
景手法如框景、对景等运用到建筑设计中，形成流动的序列空间，以致达
到中西融合、步移景异的空间效果。

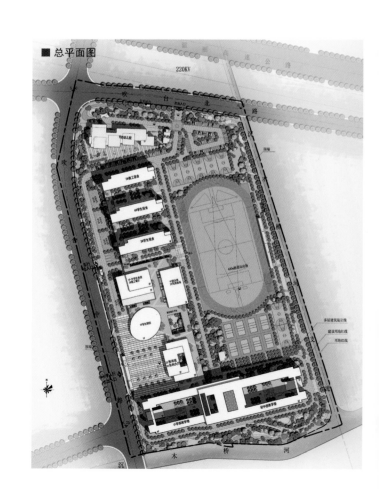

■ 总平面图

宿舍区

操场

■ 宿舍东立面

■ 活动中心走廊

■ 活动中心一层平面图

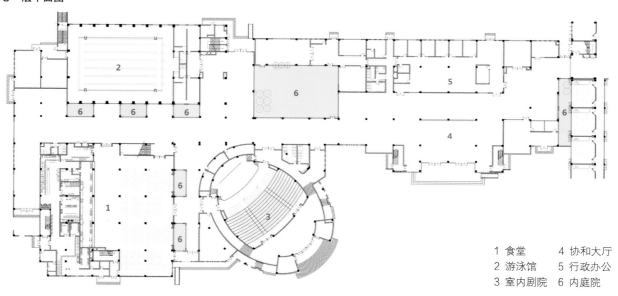

1 食堂	4 协和大厅
2 游泳馆	5 行政办公
3 室内剧院	6 内庭院

■ 活动中心立面图1

■ 活动中心立面图2

■ 食堂

■ 入口广场鸟瞰

■ 教学楼中庭

■ 走廊

■ 室内剧场

■ 协和大厅

专家点评

■ 该项目作为一所幼儿园和中小学结合的国际化学校，在教育资源组织和教学模式开展上具有一定的实验性。建筑总体布局比较有条理，教学区、公共共享区、生活区和运动区分区清晰，并能很好地利用南侧的河道景观。8.4米宽的多功能教学走廊设计较有新意，与很多国外学校的布局模式类似，体现了重视校园公共交流空间的理念，而非国内传统学校的常规做法，即将走廊仅仅视为交通空间。建筑与庭院、绿化能够很好地结合，室内清新雅致。该学校建筑造型典雅沉稳，整体比较和谐，建筑立面细部处理到位，层次感强，光影效果突出。建筑色彩把握到位，大面积温暖的淡雅黄配以鲜明的赭红色，整体醒目清新。

王伟

■ 图书馆

■ 校园整体鸟瞰图

北大附属嘉兴实验学校
PEKING UNIVERSITY EXPERIMENTAL SCHOOL(JIAXING)

设计单位：浙江大学建筑设计研究院有限公司
设计人员：施明化　王英妮　杨　鹏　章嘉琛　徐　荪　柯凌琦
　　　　　蔡晓冰　陈　冰　沈　金　吴　杰　钱　磊　王　俊
　　　　　丁　磊　陈　刚　李　丽　华　旦　李少华　倪闻昊
　　　　　陈　激　陈周杰　方火明　王小红　郑国兴　孙登峰
　　　　　李　平　袁松林　黄钦鹏　任晓东　邵春廷　郭轶楠
　　　　　丁　德　杨　毅　江　兵　马　建　张武波　倪高俊
　　　　　林敏俊　汤泽荣　王洁涛　徐聪花　朱　亮　朱　靖
　　　　　敖丹丹　姚海燕　张　毅　董　浩　吴正平　葛鲁君
项目地点：嘉兴市
设计时间：2014年10月
竣工时间：2016年8月
用地面积：9.8421万平方米
建筑面积：12.3289万平方米/地上10.6739万平方米/地下1.655万平方米
班级规模：小学24班，初中24班，高中18班

江南燕园

■ 一贯制国际化学校与大学活动的趋同趋势明显，校园内需要更多的支持广泛学习行为的学习空间。基于此，设计破除传统的布局模式，不再设置单独的图书馆、实验楼、体育馆等单体，有意识地模糊各类教学空间、公共空间之间的边界。教学空间从传统教室到走班教室；从基本课堂到隐形课堂；在不确定性中寻找现在与未来空间的平衡。设置中学部教学综合体、小学部教学综合体等混合功能单体，把空间的多元化、适应性和模式多样化的考虑贯穿始终，使校园各类空间交流共享，营造文化殿堂。

■ 建筑形态和空间布局巧妙地呼应北大的求学精神，将北大校园总体规划传承中国传统建筑神韵的布局形式发扬，将北大西门、未名湖、博雅塔等标志物场景化至基地中，并采用经典的"北大红"元素贯穿整个校园。另一方面，因为学校坐落于江南水乡，设计中将粉墙黛瓦和清新淡雅的江南元素融入其中，文脉和肌理充满着水乡气息。整个校园设计力求融合南北元素，重构一所"江南燕园"。

■ 校园整体轴侧图

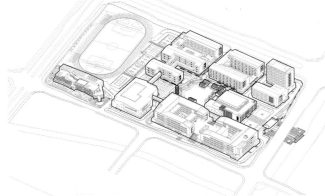

幼儿园室内（摄影：赵强）

■ 校园整体剖面图1

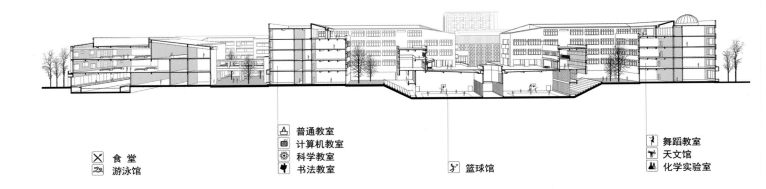

🍴 食堂
🏊 游泳馆

👤 普通教室
💻 计算机教室
🔬 科学教室
✍ 书法教室

🏀 篮球馆

💃 舞蹈教室
🔭 天文馆
⚗ 化学实验室

■ 校园整体功能分析图

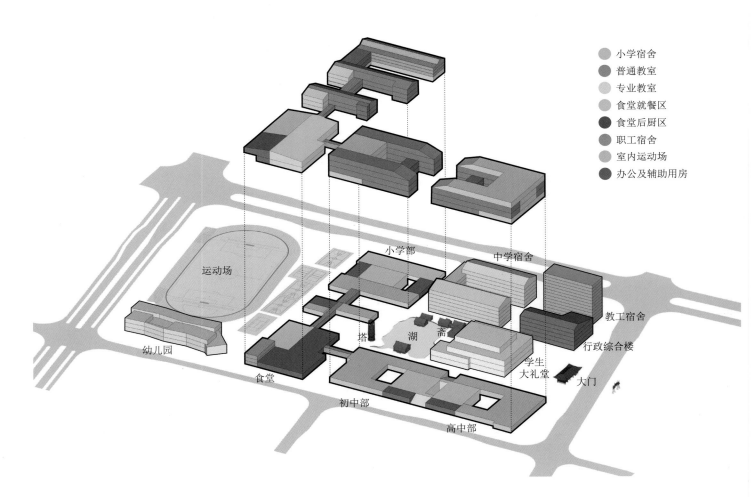

● 小学宿舍
● 普通教室
● 专业教室
● 食堂就餐区
● 食堂后厨区
● 职工宿舍
● 室内运动场
● 办公及辅助用房

运动场

幼儿园

小学部

中学宿舍

塔

湖

斋

教工宿舍

行政综合楼

学生
大礼堂

大门

食堂

初中部

高中部

■ 小学部、食堂、中学部二层平面图

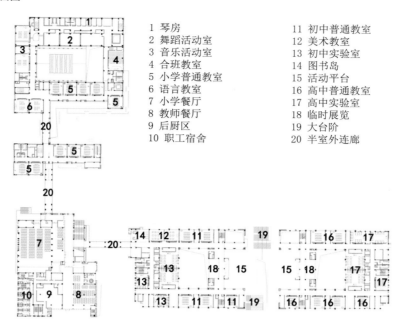

1 琴房	11 初中普通教室
2 舞蹈活动室	12 美术教室
3 音乐活动室	13 初中实验室
4 合班教室	14 图书岛
5 小学普通教室	15 活动平台
6 语言教室	16 高中普通教室
7 小学餐厅	17 高中实验室
8 教师餐厅	18 临时展览
9 后厨区	19 大台阶
10 职工宿舍	20 半室外连廊

综合体的概念

■ 一、校园综合体：小学部、初中部、高中部通过食堂连廊整合成一个校园综合体，三个学部之间、三个学部到食堂的交通都变得便利。

■ 二、教学综合体：在三个学部自身的功能设置上，每个学部内均设置了普通教室、专用（实验）教室、图书室、运动馆、教师办公等功能，从而各个学部自身均为一个教学综合体。

■ 校园整体剖面图2

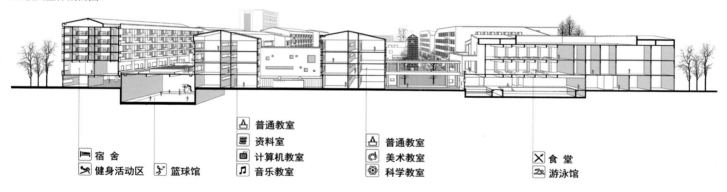

🛏 宿舍
🏋 健身活动区　🤸 篮球馆

🏫 普通教室
📑 资料室
💻 计算机教室
🎵 音乐教室

🏫 普通教室
🎨 美术教室
🔬 科学教室

🍴 食堂
🏊 游泳馆

■ 总平面图

1 大门	6 初中教学楼	11 斋（第二课堂）
2 学生大礼堂	7 初高中宿舍楼	12 博雅塔
3 行政综合楼	8 小学宿舍楼	13 未名湖
4 教工公寓楼	9 小学教学楼	14 幼儿园
5 高中教学楼	10 食堂	15 看台

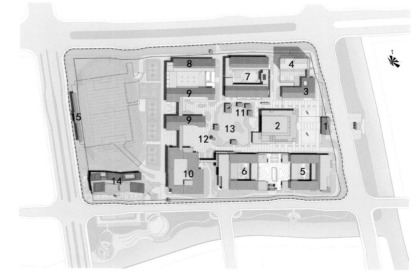

■ 初中部综合楼

■ 食堂（摄影：赵强）

■ 初中部入口（摄影：赵强）

■ 中心花园（摄影：赵强）

■ 湖与斋（摄影：赵强）

■ 斋（摄影：赵强）

■ 斋与塔（摄影：赵强）

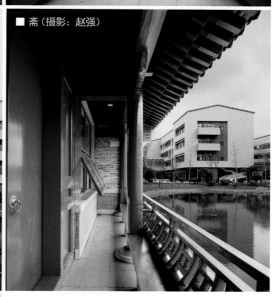

■ 斋（摄影：赵强）

■ 中学部入口（摄影：赵强）

专家点评

■北大附属嘉兴实验学校，实际上是一个教育园区，包含了幼儿园、小学、初中、高中等内容，用地较为紧张，对设计制约较大。

■项目的设计亮点在于：

■1. 建筑师采用校园综合体的概念，较好地解决了多任务布局与用地紧张的矛盾，整体使用功能分区较为合理；

■2. 对小学、中学等区别较大的功能分别植入教学综合体的概念，既对不同的使用功能做了适当的区隔，又为可能共享的公共功能使用创造了条件，整个校园使用效率较高；

■3. 校园规划和建筑造型方面兼收了北大校园和江南传统建筑的特色。整体布局借鉴了北方合院中规中矩的布局形式，围合出中心区的主要庭院景观，景观设计借鉴了北大未名湖的精髓，建构了"江南燕园"的基调。

■4. 整体的建筑以江南风格为主，北方的建筑元素使用较为收敛，是江南的建筑又有北方的影子。

■不足之处在于：中心庭院的北方风格建筑和江南建筑之间缺乏过渡，稍显突兀。

姜传锆

■ 校园鸟瞰

杭州高级中学钱江校区
QIANJIANG CAMPUS OF ZHEJIANG HANGZHOU HIGH SCHOOL

设计单位：浙江大学建筑设计研究院有限公司
设计人员：董丹申　范须壮　陈瑜　柳青　方涛　朱恺　王溯
　　　　　钱磊　沈金　李少华　丁磊　李丽　陈激　陈周杰
　　　　　郑国兴　孙登峰　施大卫　杨毅　邵春廷　任晓东
项目地点：浙江省杭州市江干区
设计时间：2008年9月～2009年9月
竣工时间：2016年12月
用地面积：8.8691万平方米
建筑面积：13.2283万平方米
班级规模：36班

谱写百年杭高新篇章

■ 杭州高级中学是一所培养了几十位院士的百年名校，曾有沈钧儒、鲁迅、李叔同、朱自清等名家大师在此任教，曾培养的精英名流有徐志摩、郁达夫、潘天寿、金庸、陈建功、蒋筑英等。其钱江校区的基地位于杭州市江干区，钱塘江北岸的七堡，距离钱江新城核心区2.5公里，离杭高老校区9公里。为寄宿制高级中学，学生人数为2200人。

■ 时空文化轴：校园规划秉承钱江新城从"西湖时代"跨入到"钱江时代"的开放大气的精神内涵，并结合杭高老校区的文化传统，形成了一条正对钱塘江的校园"时空文化轴"。"时空"体现在轴线的两端分别布置了两个时代的校门特征，北端采用杭高老校区的校门牌楼形式，与凤起路另一端的杭高老校区遥相呼应。南端较现代的校门恰恰反映了杭高积极进取、大步迈入钱江时代的特征。"文化"则体现在轴线两端分别对引水河和钱塘江作了空间退让，引入的两部分空间景观与中部的图书信息楼相互交融，不仅突出了整个校园浓郁的文化气息，同时也为文化的交流提供了开阔的视觉通廊。

■ 功能序列轴：与南北轴交叉的则是校园东西向"功能序列轴"。轴线的东端是校园的主入口，通过长长的甬道，既穿越时空，摒弃浮华，也直接引导到了中部的校园核心广场。轴线的西端依次布置了艺术楼和科技馆，几进深深的院落让人又仿佛忆起了李叔同、朱自清、鲁迅等文化名人在杭高留下的足迹。

■ 筑台观景：新杭高校园内提出了"筑台观景"的新校园架构体系。采用架空层"高架"的方式把钱塘江景引入校园，并且将平台跨过景观大道，一直延伸到江边。开阔的江景为学生提供一个良好的驻足之所。架空平台同时延伸至各个庭院空间内部。公共教学区周围的平台能很好地减小穿越走廊对教学的影响，同时也营造了一个层次丰富的室外集会典礼空间。而生活区与运动区的平台不仅提供了便捷的交通方式，同时也减少了对运动区的干扰。

■ 第五立面：鉴于新杭高校园的周边基地将在未来建成大量的高层建筑，因此方案对校园整体的第五立面——建筑屋顶进行了充分的设计考虑，从而为周边市民营造出和谐的景观视野。由金属板与石板瓦组成的屋面体系，不仅赋予了第五立面以统一简洁的外观造型，同时也将屋顶的各类设备藏匿起来。

教学楼

■ 餐厅及外教公寓

校园主入口

■ 南侧形象校门

东侧校园主入口

■ 二层活动平台

■ 方案将校园设置为礼仪空间、行政办公空间、教学空间、运动空间和生活服务空间五个部分。将学校的主入口布置在东侧的红普路上，在南侧的之江路上设置了学校的形象入口，并开设了紧急消防通道。避免了由校门口车辆的拥堵而对沿江交通造成的影响。将生活区与运动区布置在基地北侧而将教学区布置在基地南侧，避免了噪声对生活区的干扰，也便于学校沿之江路展示其整体形象。

■ 二期工程东立面

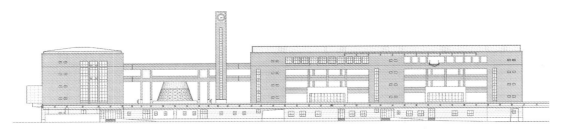

■ 二期工程北立面

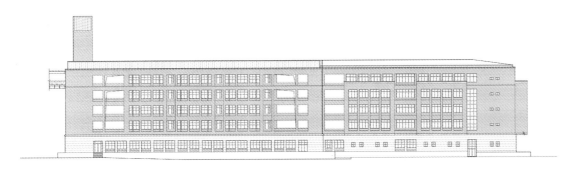

■ 一期工程校园片段

■ 一、二期一层平面图

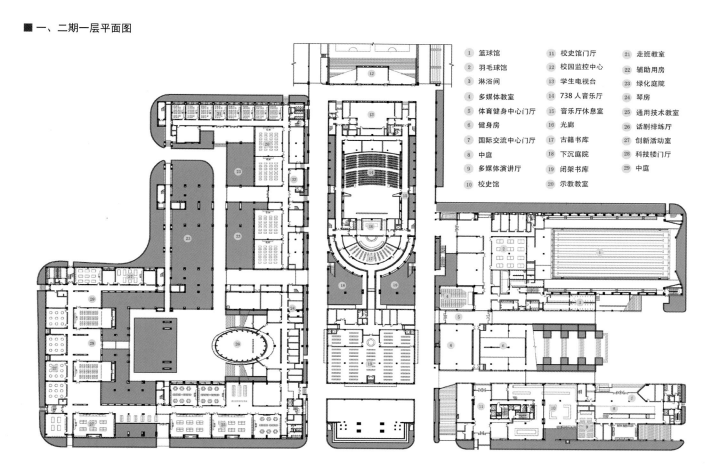

1 篮球馆	11 校史馆门厅	21 走班教室
2 羽毛球馆	12 校园监控中心	22 辅助用房
3 淋浴间	13 学生电视台	23 绿化庭院
4 多媒体教室	14 738人音乐厅	24 琴房
5 体育健身中心门厅	15 音乐厅休息室	25 通用技术教室
6 健身房	16 光廊	26 话剧排练厅
7 国际交流中心门厅	17 古籍书库	27 创新活动室
8 中庭	18 下沉庭院	28 科技楼门厅
9 多媒体演讲厅	19 闭架书库	29 中庭
10 校史馆	20 示教教室	

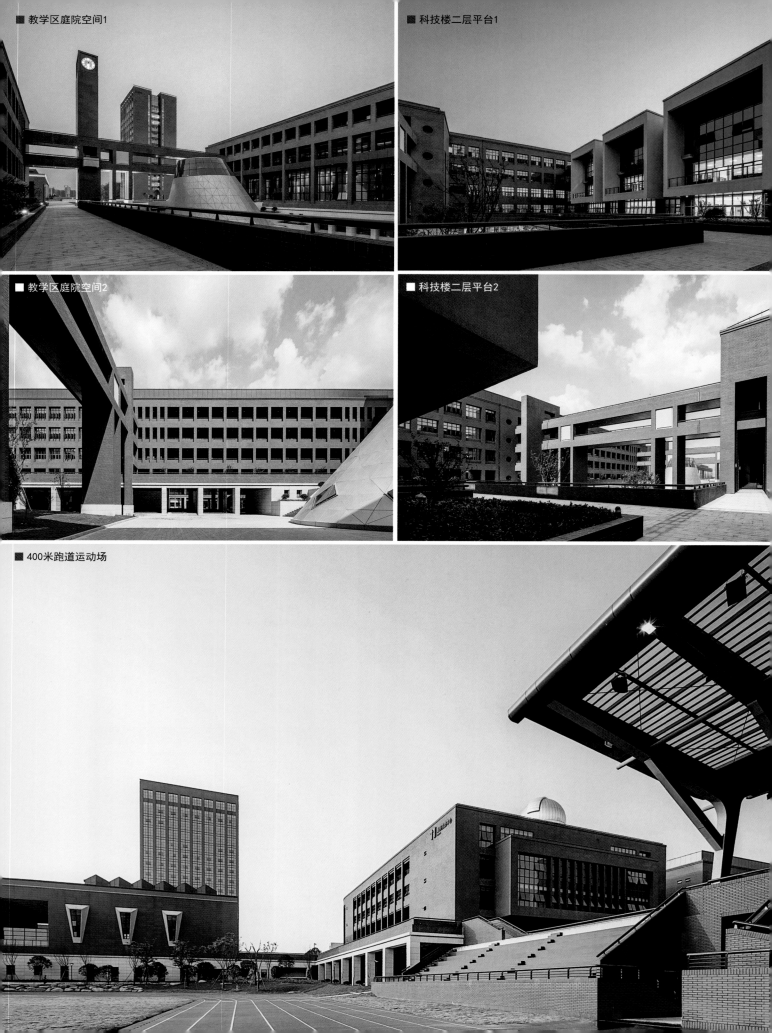

■ 教学区庭院空间1

■ 科技楼二层平台1

■ 教学区庭院空间2

■ 科技楼二层平台2

■ 400米跑道运动场

■ 学生餐厅

■ 图书馆门厅

■ 话剧排练厅

■ 报告厅

■ 国际交流中心大厅

专家点评

■项目设计重视研究百年名校的精神内涵，从总体布局到建筑单体乃至细节设计均较好地诠释了学校的历史传统和人文底蕴。总平面设计通过东西方向的功能序列轴和南北方向的时空文化轴，赋予了校园空间丰富的形式和内容。校园空间布局既蕴含了百年名校的历史传承，又呼应了位于钱塘江之滨的新时代特征。各功能分区平面设计合理，室内空间丰富多彩。建筑造型色彩统一，秩序感强。外立面红砖和陶板运用得体，屋顶设计综合考虑设备设施和空间形式的统一，建筑外观形象佳。位于校园两根轴线交叉点上的二层架空平台很好地连接了教学楼、图书馆、报告厅以及办公楼，延伸并串联起若干庭院空间，使各功能空间之间既有分离又有联系，极大地丰富了校园景观的层次。

项志峰

■图书信息中心广场局部

宁波鄞州中学
NINGBO YINZHOU MIDDLE SCHOOL

■校园局部鸟瞰

设计单位：浙江大学建筑设计研究院
设计人员：高裕江　史国雷　郑颖生　毛志远　贾　茜
　　　　　许小笛　王何忆　饶　峥　戴鹏杰　苏仁毅
　　　　　王岳峰　丁思璐　高裕江　王敏霞　沈晓鸣
　　　　　蒋君标　郭　宁　赵　鑫　饶　峥　马云飞
项目地点：宁波市城南商务核心区
设计时间：2010年6月～2012年6月
竣工时间：2014年6月
用地面积：18.648万平方米
建筑面积：10.8万平方米（高中部）
班级规模：36班

基本轴网

■ 鉴于中学教学模式及其建筑群类型学特点，兼顾地域自然气候及场地几何特性等构成因素，采用建筑群组团与"轴廊"融汇的构成手法，构筑有机整体的校园空间格局。展示理性、整体、现代的规划结构特点。

基本功能

■ 功能整构，空间集中。将图书信息、多功能集会、社团广播及陈展等整合成图书信息中心；教科中心以回院的平面形式，匀质"四进三院"的格局，使之拥抱阳光和风水；科技楼、艺技中心楼运用"套院"与"围院"的平面形式，展现理性与感性有机融汇的模式。

基本空间

■ 现代主义建筑观将建筑空间视为建筑的最本质，这与东方传统建筑观十分相似。为了师生们获得丰富的学习和生活体验，设

计将空间主次序列化，并与"书院型合院"布局有机融合起来，形成空间上层层递进、形态上各具特色、动线上富有变化的空间形态格局。

基本景观

■ 城市、建筑、景观一体化是当下建筑学的命题之一。中心水景广场是东西方传统园林融汇的探索尝试：一方面，设计运用西方几何理性的构图法则，形成硬朗明确的景观园林边界；另一方面，设计结合江南古典园林构成手法，运用"虹桥"、"景亭"、"小岛"与湖面水域因巧构成，塑造学习生活化大场景以及"桥中有桥，廊中含桥，桥中纳廊"的景观形态，它们共同转译出建筑与景观一体化的设计理念。

基本美学

■ 当建筑领域后现代主义、解构主义等风格流派逐渐式微之时，建筑学再次回聚现代主义建筑的本质与内涵及其基本美学思想。故此，我们重新关注起形式美的基本内容：形态平衡、空间层次、虚实对比、尺度与韵律、简约与理性等。

校园滨水空间

校园中心水景广场局部

■ 钟塔及行政中心局部

■ 图书信息中心、报告厅一层平面图

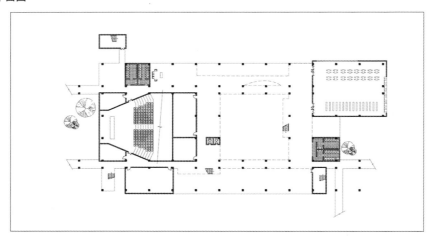

■ 图书信息中心、报告厅二层平面图

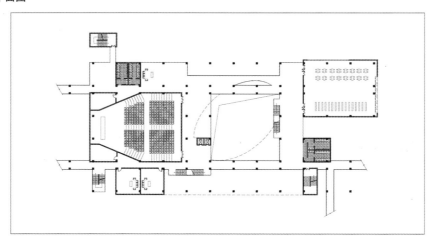

■ 校园空间局部

■ 图书信息中心、报告厅三层平面图

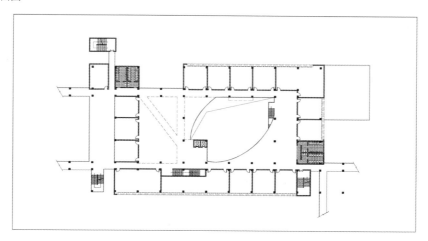

■ 图书信息中心、报告厅四层平面图

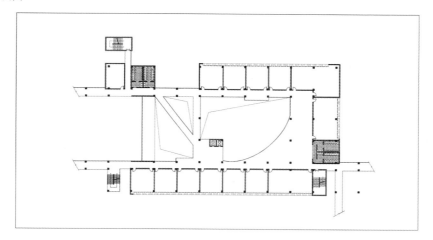

■ 科技实验中心西侧景观

■ 图书馆内部空间一角

■ 图书馆中庭空间

■ 图书信息及教学楼滨水景观

■ 校园景观局部

■ 艺术楼廊道空间

■ 教学楼廊道空间1

■ 艺术楼空间一角

■ 教学楼廊道空间2

专家点评

■校园内建筑大多采用正南北向行列式布置，形成规则的院落式组团，组团之间通过收放有度的空间组合在一起，地块中央利用和整构一条东西向的几何形景观水面将校园分为南北两区，整个校园功能分区合理，流线组织清晰，建筑空间统一中有变化，变化中有秩序。设计者大胆地将所有建筑外墙用红砖作饰面，使得建筑色彩达到绝对的统一，乃至产生震撼的视觉效果。校园内建筑布局错落有致，造型极具雕塑感，加之建筑立面与景观的一体化设计，使得整个校园在视觉上和谐统一并极富纪念性，为避免过于统一产生的呆板感，设计者在建筑局部和空间细节上作了精心的变化，使得校园空间生动有趣、亮点更多。

许世文

乔司中学
QIAOSI MIDDLE SCHOOL

设计单位：浙江大学建筑设计研究院有限公司
设计人员：王玉平　鲁丹　王启宇　潘加富　桑松表　王松青
　　　　　丁德　杨鹏　王俊　华旦　金杨　田向宁
　　　　　王雷　裘朝晖　楚冉
项目地点：杭州市余杭区乔司镇
设计时间：2011年7月
竣工时间：2015年5月
用地面积：7.7273万平方米
建筑面积：6.4322万平方米/地上5.6697万平方米/地下0.7625万平方米
班级规模：48班

江南书院

■ 工程概况：乔司镇中学位于乔莫路西侧，沪杭高速东侧，项目规划为48班初级中学，学生人数2400人，教工人数200人。主要功能包括青少年活动中心、行政楼、教学楼、综合楼、食堂、学生宿舍以及体艺楼。中学的总体布局由一条南北向绿化主轴控制，重点打造林荫大道。教学楼、综合楼、学生宿舍等围合而成的院落空间，在布局形态上沿校园纵向主轴展开，丰富多变、开合有致。

■ 设计理念：取传统建筑之韵，融现代建筑之意，营造一所富有传统韵味的现代"江南书院"。借鉴传统建筑空间处理手法，塑造一所小中见大的学校。

■ 技术难点：书院空间院落层级。总体院落：规划格局延续传统书院风范，建筑组团对体育场及校园公共空间成"U"形三面围合之势，建构出一级院落。组团院落：建筑有机组合，并以书院传统秩序相连接，成为递进的二级院落。完成了校园环境从外围到内核的由"闹"及"静"的逐层过渡。内部庭院：通过交叠环绕的片墙、游廊等构筑物与单体建筑本身共构出小型庭院，既满足了各功能建筑内部使用要求又与组团院落相互渗透，并以多样植被营造特色环境，有效保持教学内核不同功能的场所感知，使得校园空间层次更加丰富，同时满足现代学校对开放性和交互性的要求。

■ 技术创新：江南地域特色及传统中式情境。（1）材质与基调：以白墙为主体，单坡青瓦屋顶挑檐，虚实相间的山墙、门洞、连廊、与背景园林共同构成刚柔结合、错落有致的轮廓线。平实素雅的整体基调也清晰绘制出宁静致远的校园意境。（2）细部与元素。檐：精巧地探出白墙，打破单调，为宽大墙面作点缀，引发联想。廊：外部空间的串联，既解决交通联系中遮蔽风雨的问题，又可驻足停留，丰富环境层次。窗：多样花格窗勾勒出传统建筑形态，旧装重生。墙：高低片墙，构建趣味空间，逐步化解建筑体量。

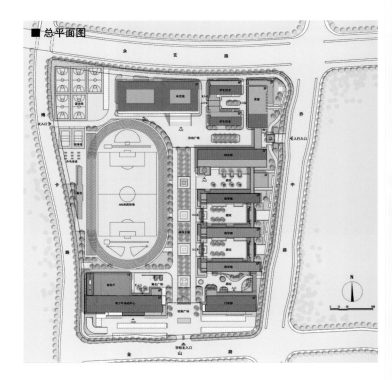

■ 总平面图

青少年活动中心

校园整体

■ 教学楼组团

■ 综合楼

■ 教学楼③

■ 墙

综合楼

■ 檐

■ 窗

■ 青少年活动中心一层平面图

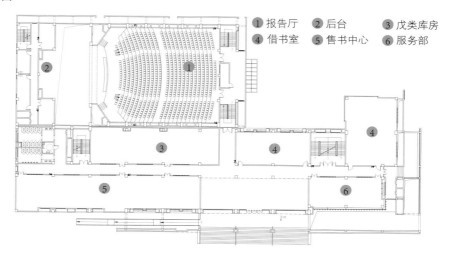

① 报告厅　② 后台　③ 戊类库房
④ 借书室　⑤ 售书中心　⑥ 服务部

■ 青少年活动中心立面图1

■ 青少年活动中心立面图2

■ 青少年活动中心立面图3

■ 青少年活动中心立面图4

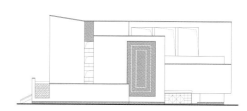

■ 青少年活动中心

■ 教学楼一层平面图

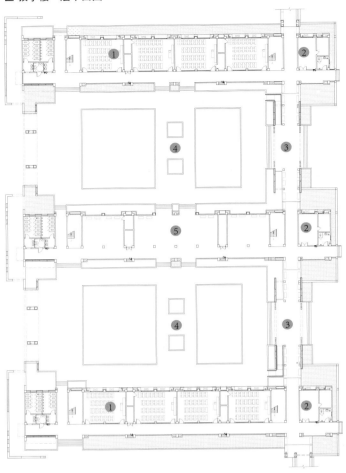

① 普通教室 ② 办公室 ③ 连廊 ④ 内庭院 ⑤ 架空层

■ 教学楼立面图1

■ 教学楼立面图2

专家点评

■ 本项目在总图布局中加入了书院式空间的整体设计理念，用现代的建筑语言很好地诠释了传统空间的精彩韵味。从学校大门起始贯穿整个校园的中心景观带，既突出了学校的中轴线，又串联起了各个书院空间。丰富变化的层层递进院落结构，为不同年级的学生提供的各个具有归属感和亲和力的活动场所，对学生的健康成长起到良好的作用。此外，总图各个单体建筑的布局严谨，功能合理。不同的书院空间通过连廊相互连接紧密，形成了一个和谐统一的校园空间。学校内部动静分区明确，室内外空间面积充裕且富有趣味，很好地体现了新时代素质教育理念的优势。建筑通过素雅简洁的外立面形式来展现富有传统中国韵味的设计意向，配色选择合理且风雅，片墙、窗格等中国特色元素使用得当。在现代中式教育建筑中，本项目的立面造型设计属于将传统与现代结合完美的典范。

楼骏

■ 教学楼立面图3

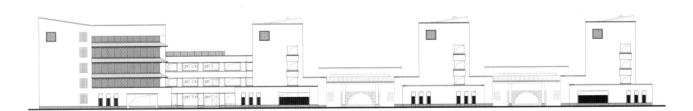

■ 教学楼剖面图

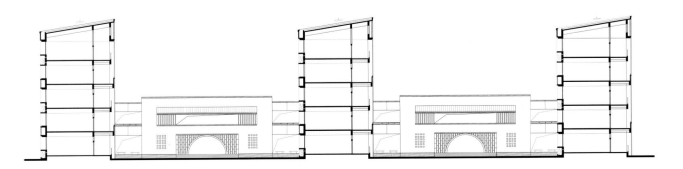

教学组团

教学组团庭院

■ 食堂入口

食堂

■ 青少年活动中心局部

■ 教学组团入口

■ 校园主入口

杭州安吉路良渚实验学校
HANGZHOU ANJILU LIANGZHU EXPERIMENTAL SCHOOL

设计单位：浙江大学建筑设计研究院有限公司
设计人员：钱海平　林　涛　金建明　张　楠　王春燕　刁岳峰　包仁表　吴　璟
　　　　　浦欣成　胡慧峰　沈敬敏　包红泽　楼晓东　王　宁
项目地点：杭州良渚
设计时间：2007年12月
竣工时间：2009年8月
用地面积：6.6364万平方米
建筑面积：3.2363万平方米
班级规模：36班

■ 良渚实验学校位于杭州良渚文化村南翼，用地面积6.6364万平方米，建筑面积3.2436平方米。该校为36班规模的九年一贯制学校，2017年时在校生为1620人。设计结合项目特点与周边环境特质，针对地界形状不规则、场地高差起伏较大等限定条件，确立设计原则如下：
■ 1. 以多样的空间形式、灵活的塑形手法，创造生动的校园景观。
■ 2. 因地借势地布局造景，适当改善和利用地形地貌，创造具有田园特征的校园环境体系；
■ 3. 将乡土意识与现代意识相结合，塑造融于环境的建筑形式。
■ 总体布局上，建筑排布直折有度，以多重轴向整合建筑组群，将不规则用地边界的影响转变为建筑群体空间变化的积极因素；以建筑形式用地高差过渡的边界，在解决辅助用房需求的同时，尽量减少土方量，同时结合地形的设计也反映出校园建筑的地域特征；以合院形式获取校园内部次生景观，通过在多种空间围合设计，形成开敞或半开敞的、大中小尺度不等的院落，营造出层次丰富的空间效果。单体设计中，通过多方案比较，确定既庄重典雅又粗犷淳朴、既稳重现代又具有乡土意味的建筑风格；建筑水平展开，通过顺应地形的组合形成高低错落的变化；将空调室外机位作为立面造型的特殊元素，形成质朴而又富有特色的外部形象；通过立面构成母题的组合运用，以简洁的手法形成既富于韵律、又具有变化的形象特征。
■ 总之，良渚实验学校的设计，是一次将建筑与环境、内部空间与外部空间、自然景观与人造景观、现代理念与地域特征、典雅气质与淳厚乡土风貌融为一体的有益尝试。

■ 校园整体鸟瞰图

■ 教学楼庭院

■ 行政楼、教学楼北立面图

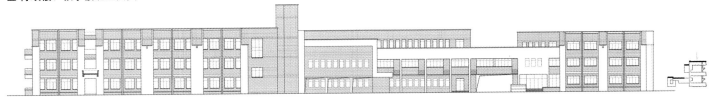

■ 行政楼、教学楼一层平面图

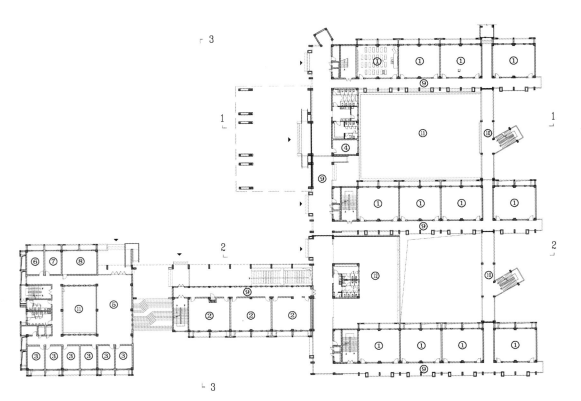

北

①普通教室
②教师办公
③行政办公
④教师休息
⑤陈列
⑥卫生
⑦保健
⑧监控值班
⑨走廊
⑩连廊
⑪庭院
⑫平台

■ 教学楼西向

专家点评

■该项目择址杭州良渚，位于杭州良渚文化保护遗址附近。设计打破了传统校园的一元式结构体系，充分结合地形地貌，采用多重轴线转折叠合的手法，营造出丰富多变，错落有致的校园环境。各建筑单体自相围合，形成院落空间，其院落形式不拘一格，收放各异，层次丰富。各建筑单体又相互围合，形成开放空间，两元式的开放空间互相叠合，变化中保持秩序，活泼中不失严谨，诚如设计师自己所言，对于空间构成而言，这是一次有益的尝试。建筑形态充分考虑了校园建筑和乡土文化相结合的特点。形态构成简洁开放，依靠建筑自身的转折，体块的错落和色彩的对比，形成朴实无华、亲切自然的建筑风格。安吉路良渚实验学校设计坚持场所精神，充分考虑地形地貌和人文因素，其处理手法和建筑效果恰到好处，较好地诠释了校园文化和乡土文化相融合的特点。

李怡群

■ 行政楼、教学楼二层平面图

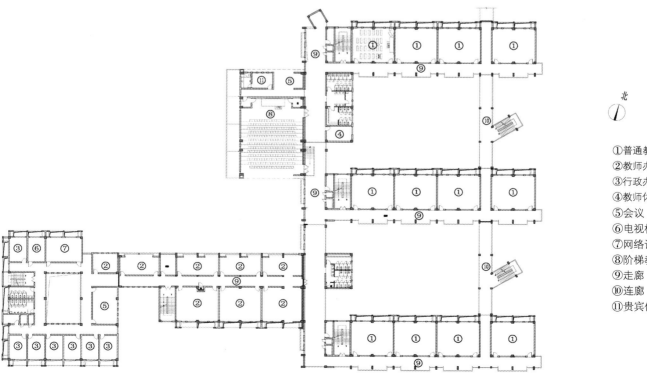

北

①普通教室
②教师办公
③行政办公
④教师休息
⑤会议
⑥电视机房
⑦网络计算中心
⑧阶梯教室
⑨走廊
⑩连廊
⑪贵宾休息

■ 校园主入口

浙江省杭州滨和中学、杭州市滨和小学
BINHE MIDDLE SCHOOL, HANGZHOU, ZHEJIANG PROVINCE/HANGZHOU BINHE PRIMARY SCHOOL

设计单位：浙江工业大学工程设计集团有限公司
设计人员：陈 弘 葛 骏 陈一平 孙 轲 韩 雪 李晨怡 瞿腾曦 俞采菊
项目地点：杭州市滨江区
设计时间：2015年4月
竣工时间：2017年9月
用地面积：5.8574万平方米
建筑面积：5.8574万平方米/地上5.9633万平方米/地下5.172平方米
班级规模：36班中学，36班小学

项目概况
■ 项目用地位于杭州市滨江区，滨和路以南，共联路以东，江汉路以北，西兴路以西。地块东侧为在建协同小区，建筑高度约100米，西侧为已建滨和花园，为小高层、高层小区，用地北侧为在建市级人才专项房，用地南侧为规划城市绿化及商业办公用地，该商业办公用地规划建筑高度为100米，用地西南角为已建西兴派出所。本项目规划设计内容中小学，含36班小学部及36班中学部，同时配建社会公共地下停车库，应考虑同一地块内中学部及小学部的相互独立性及合用功能的使用便利与空间分离。各功能项出入口设置在相对独立的区域，并考虑出入口安全与便利性。

设计基础资料
■ 本项目用地位于杭州市滨江区，属亚热带季风性气候，地块内地势平坦，地块西侧原有建筑已完成拆除，土地平整完毕。东侧现状为过渡房与部分拆迁户，该部分过渡房与拆迁户已列入拆迁计划，因此本项目设计仍考虑整体实施。

设计方案构思
■ 以教育功能的提升与再优化，构建形象独特、内涵丰富、功能先进、理念超前的教育建筑为设计构思出发点。可总结为下述三个方面：
■ 1. 合理分界：中学及小学主入口开向不同城市道路，独立完整并顺势分流交通压力。小学与中学校园内部界面明确，管理清晰。合用后勤及体育建筑内部分别采用竖向及水平分区，考虑土地利用充分的同时保证了中小学间的管理述求。
■ 2. 创新空间：设计采用"公共空间综合体承托教育功能体"的总体空间构成，下方公共空间综合体造型流畅自然，巧妙地利用4.5米架空层及1.5米地下室覆土高度容纳了6米、4.5米、双层3米的多种层高关系，从而将不同尺度的门厅过道，大中小报告厅，图书馆，合班教室，创新实验室，社团活动室等功能空间完美地结合为一体，对应了校园以个性，交流，自由为特色的素质教育活动。上方教育功能体造型规则律动，教学楼部分屋面分别斜向中小学中心广场，空间导向清晰，中小学实验行政楼分别采用竖向和水平维度的内聚手法，在手法统一的前提下体现了中小学不同的个性，对应了校园以集体、传授、有序为特色的应试教育活动。
■ 3. 完善细节：项目采用象牙白色铝板幕墙为基调，结合局部深色及彩色铝板幕墙造型来体现项目清雅活泼的外在形象，同时项目采用了目前中小学较为先进的全面中央空调形式，针对这一特点，一方面在形体上设置了丰富统一的建筑顶部构件，隐藏了大量的屋面设备，一方面通过竖向风管体系及细致全面的精装修设计，实现了建筑内界面的精致大方。

■ 校园景观1

■ 总平面图

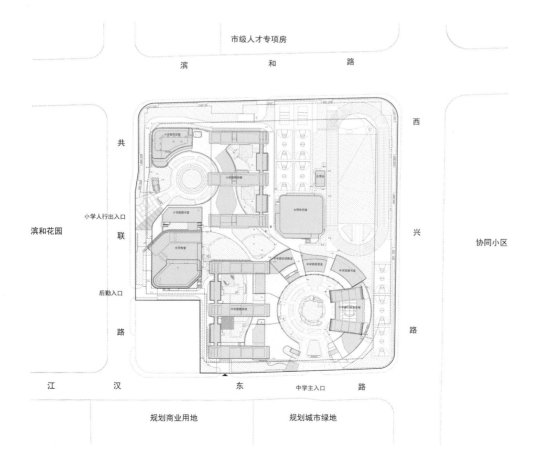

市级人才专项房

滨　和　路

西

共

小学人行出入口

联

滨和花园

协同小区

兴

后勤入口

路

路

江　汉　东　路

中学主入口

规划商业用地

规划城市绿地

■ 中学教学楼北立面、东立面

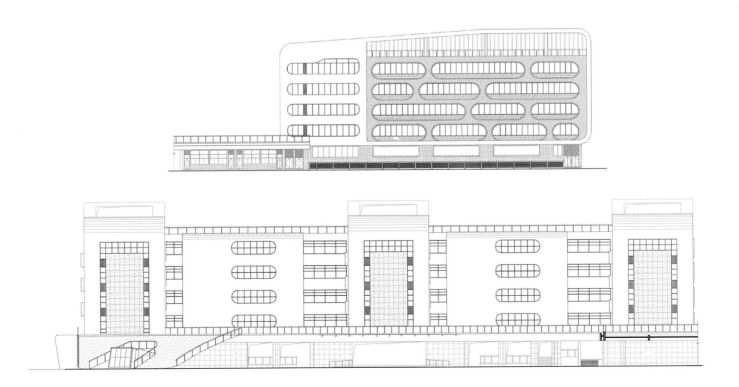

190

■ 校园景观2

■ 中学教学楼三层平面图

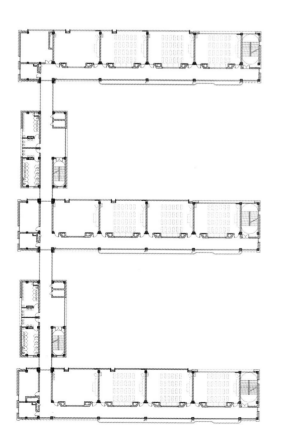

■ 我们希望能有效、合理地利用项目用地,在有限的城市空间内创造出更优化的建筑规划方案,突出滨江区高新技术形象,优中选优,创造出适宜的城市界面及内部功能体系。

■ 设计原则: 1. 功能分区明确,即各功能区块应明确合理,相互独立互不干扰,拥有独立的对外出入口及城市形象展示; 2. 空间分区维度化,即创造性地在空间、时间、水平、竖向等多个维度细分功能分区,是对传统教育建筑形式的提升和升级,有利于学生整体全面地发展; 3. 建筑造型新颖,即建筑造型应能够体现滨江区高新技术特质和时代先锋形象,有别于传统教育建筑,塑造富有时代气息的建筑观感; 4. 交通流线清晰,即梳理校园各项功能的交通流线关系,通过集束、分散等手法,有组织地引导车流、人流,引水归渠,有序而完整; 5. 土地利用充分,即充分利用现有土地资源,使之符合工程实际、保证工程施工建设的可行性及后期使用要求,进而为城市环境作出贡献。

专家点评

■ 该项目作为中小学合建模式,规划布局巧妙,做到了既有明确的分区,又有资源的共享,整体构思异中求同、同中有异。校园出入口和交通规划组织合理,通过面向不同城市道路开设校园入口的做法,有效降低了早晚高峰校园接送对城市交通的影响。两校的圆弧形校园入口广场新颖独特,既形成对外围城市空间的有效缓冲和过渡,又成为校园的公共中心。在高密度城市环境中,架空层和屋顶花园的做法创造了更多的室外活动空间。建筑造型沉稳中有活跃元素,屋顶曲线和立面带弧形条形窗作为统一性的建筑语言,使校园体现出整体性和秩序感。校园整体色调统一,同时通过局部跳色实现了统一中的活跃感。

王伟

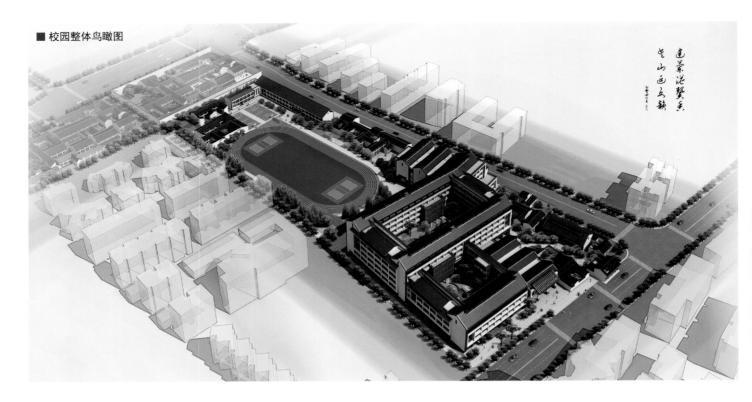

杭州市建兰中学
JIANLAN MIDDLE SCHOOL OF HANGZHOU

设计单位：中国联合工程公司
设计人员：姜传鍫　郭　晔　汪　洁　马　慧　周展浩
　　　　　林　鑫　徐爱军　黄晓耘　秦秀娟　胡保华
　　　　　杜　隽　端木雪峰　王　开　赵锋雷　成　猛
项目地点：杭州市上城区抚宁巷
设计时间：2009年
竣工时间：2014年
用地面积：3.0437万平方米
建筑面积：4.005万平方米/地上3.0366万平方米/地下0.9684万平方米
班级规模：36班

皇城根下的现代书院

工程概况

■ 杭州市建兰中学地处杭州南宋皇城历史文化保护街区，北面紧邻著名文保单位胡雪岩故居和源丰祥茶号，基地内另有四处江南民居历史建筑群。项目采用新建校舍与历史保护建筑利用结合的建设模式。地块东临金钗袋巷，西至水利水电院，南起抚宁巷，北至元宝街，近观鼓楼，远眺吴山城隍阁，属皇城根下地块，文史厚积，古风薰香。学校建设用地面积3.0437万平方米,地上总建筑面积3.0366万平方米（含历史保护建筑0.3857万平方米），地下总建筑面积0.9684万平方米（含地下人防工程面积0.2847万平方米）。

设计理念

■ 1. 在充分研究和理解地域文化的基础上，用现代建筑语言诠释江南传统建筑的内涵。2. 以江南建筑传统的"院落空间"模式组织学校各功能区块。以"院落"缓冲和联系新老建筑。新建筑群的空间架构不仅与周边胡雪岩故居、源丰祥茶号等老房子在空间脉络上存在呼应关系，其空间拓扑关系也符合江南传统园林建筑的审美和神韵，使新老建筑实现"形"与"神"的高度统一。3. 建兰中学在体量上遵循"不求高，不求大，求和谐"的原则。对大体量空间在形态上采用"化整为零"的独特手法，在形成韵律节奏城市界面的同时，削弱了体量，形成协调的可识别的城市景观。4. 建兰中学每个班级教室采用"一大二小"的教室组织模式。该模式满足现代教育多种教学组织形式的要求，并提供了声光热可控性较强的物理教学环境，具有国际上"第二代学校"的硬件条件，为国内为数不多的以自然通风为主并配有全空调中央设备的校舍。5. 提供真正可供交流的空间。走廊空间将传统的只具备交通功能的"人流"空间改为兼具展示和交流的"人流+信息流"港湾式空间；门厅设计为酒店式大堂，中间作为公共信息展示平台的同时，有利于师生的"偶遇"，进而为大家提供更多的交流交往的机会和空间。6. 保留原有大树、果树、花架和景墙，保持建兰师生对校园历史记忆的连续性。7. 历史保护建筑遵循"整旧如旧，以存其真"的改造原则，只做加固处理和功能设置，不改变建筑外观形态。同时保留基地内和沿金钗袋巷的多处古井，体现尊重历史，传承文脉精神。

造型设计

■ 群体造型与周边历史建筑风格协调，体量上通过体块分解的手法，使得新老建筑尺度相对接近；风格上尝试提取江南传统建筑的坡顶、墙、廊多种含有地域信息的建筑组件作为建筑设计元素，以期更有效地表达建筑的江南意向，重构传统文化内涵，与老房子相映成趣，和而不同。通过舒展的形体和优雅的建筑组件再现杭州传统文化的深厚底蕴，充分展现了建兰中学皇城根下江南书院的书卷气息和地域历史文化。

庭院

■ 金钗袋巷视点

■ 庭院内景1

■ 抚宁巷主入口

■ 庭院内景2

■ 校园总平面图

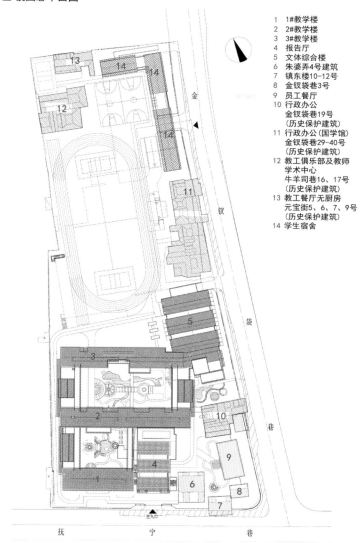

1 1#教学楼
2 2#教学楼
3 3#教学楼
4 报告厅
5 文体综合楼
6 朱婆弄4号建筑
7 镇东楼10-12号
8 金钗袋巷3号
9 员工餐厅
10 行政办公
   金钗袋巷19号
   (历史保护建筑)
11 行政办公(国学馆)
   金钗袋巷29-40号
   (历史保护建筑)
12 教工俱乐部及教师
   学术中心
   牛羊司巷16、17号
   (历史保护建筑)
13 教工餐厅无厨房
   元宝街5、6、7、9号
   (历史保护建筑)
14 学生宿舍

■ 教室单元功能示意图

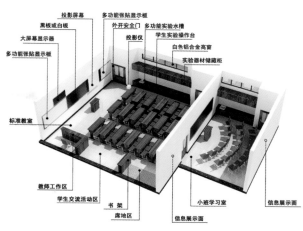

■ 教学楼、文体综合楼一层平面图

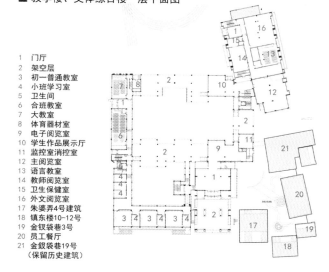

1 门厅
2 架空层
3 初一普通教室
4 小班学习室
5 卫生间
6 合班教室
7 大教室
8 体育器材室
9 电子阅览室
10 学生作品展示厅
11 监控室消控室
12 主阅览室
13 语言教室
14 教师阅览室
15 卫生保健室
16 外文阅览室
17 朱婆弄4号建筑
18 镇东楼10-12号
19 金钗袋巷3号
20 员工餐厅
21 金钗袋巷19号
   (保留历史建筑)

总体布局

■ 根据用地南宽北窄的特点和主入口设在抚宁巷的要求,学校建筑采用分散布局的方法,有机地融入原有环境中,由南到北依次为校前广场、教学楼群、体育运动区、后勤服务区域。教学楼群是学校的核心建筑群体,包括主入口门厅,600座报告厅,1、2、3号教学楼,文体综合楼。历史保护建筑作为校行政办公用房(国学馆),学生活动用房和教工餐厅及学术中心,东北角新建后勤辅房作为后勤管理用房;运动区设环形塑胶跑道和6片篮排球场。2、3号教学楼一层架空,空间通畅,景观渗透,也为雨雪天气学生活动提供了场地条件。

■ 方案调整前抚宁巷立面透视图

■ 方案调整前金钗袋巷立面透视图

■ 新老建筑对话

■ 教学楼、文体综合楼二层平面图

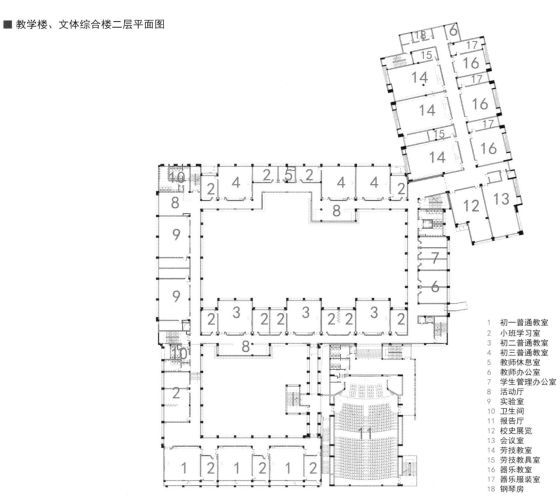

1　初一普通教室
2　小班学习室
3　初二普通教室
4　初三普通教室
5　教师休息室
6　教师办公室
7　学生管理办公室
8　活动厅
9　实验室
10　卫生间
11　报告厅
12　校史展览
13　会议室
14　劳技教室
15　劳技教具室
16　器乐教室
17　器乐服装室
18　钢琴房

■ 金钗袋巷

专家点评

■ 建兰中学的区位环境很特殊，周边人文胜迹遍布，这既是机遇也是挑战，设计在以下几个方面处理得很成功：一是很好地缝合了城市肌理，恰当的院落尺度既满足学校建筑的需求，又与周边既有新老建筑衔接自然顺畅；二是很好地整合了功能。这个学校容积率与建筑密度都很高，而且场地狭长，设计将不同功能整合得极为有机和整体；三是空间的复合，架空层的园林、港湾式的交流空间，许多空间有意模糊了功能，为多种用途提供了可能性；四是新老建筑的融合，新建筑通过院落、色彩、材料以及手法都与老建筑极为协调，整体很有江南书院的文化气息，并且还赋予了老建筑恰当的使用功能。本方案设计在传承的基础上还很有创新性，注重体块与线条搭配造成的干净利索的现代感，适当的玻璃幕墙为庭院提供了反光，并且使得建筑显得具有灵动性，值得一提的是"一大两小"教室组合等空间组织有力地促进了教学改革。在旧城改造与有机更新角度来看，这个项目也具有很好的启发性与借鉴意义。

王大鹏

■ 教学楼立面图

■ 教学楼剖面图

丽水经济开发区江南路中学
LISHUI NEW DISTRICT JIANGNAN ROAD MIDDLE SCHOOL

设计单位：中国联合工程公司
设计人员：吴克寒 陈侃杰 阮 昊 苗青青 詹 远 侯丽霞 单乃军 杨 蕾 常 虹
沈士彦 李志伟 沈蔚如 王 貌 汤佳媛 周 麓 李立明 屠瑞芳 沈 杰
陈长沛 周 琪 宋海英
项目地点：丽水经济开发区富邻区块富二路以南、江南路（东十一路）以西地块
设计时间：2014年2月
竣工时间：2017年10月
用地面积：9.2302万平方米
建筑面积：6.2104万平方米/地上5.8586万平方米/地下0.3517万平方米
班级规模：小学36班，初中24班

心之所向　向心而行
设计立意
■ 江南路中学，位于浙江丽水经济开发区富岭区块富二路以南、江南路（东十一路）以西
地块。设计旨在塑造一个富有向心力的学校，整体造型为圆环形的公共连廊联结至校内各
个建筑楼，俯瞰形似一轮朝阳，又酷似向日葵，极富活力和朝气。依环而建的教学楼之间
通过环形走道互通有余，向心团结的理念融汇在学校的每个角落、每块砖瓦。
功能特色
■ 功能指标以环形的形式进入场地，将公共教学空间置于底层，环抱中心广场，并设置环
形风雨走廊联系各功能体量；功能体量的分布向环境延展，与基地环境相融合并形成南面
教学区，北面生活区，西面运动区的功能格局；根据功能布局规划与建筑采光要求，对主
体建筑进行拆分组合与扭转，达到既有丰富的院落空间又不失人居的合理性；中心连廊作
为裙房与主体建筑结合，根据学生活动流线与连廊内布置的功能，架空部分中心连廊，局
部设有天井增加采光，灵活机动的连廊形态更好地适应不同的功能要求；广场与道路组织
采用人车分流的方式，中心广场与入口广场、体育广场、后勤广场相连，呈"Y"字形，
达到动线上的贯通无阻；立面形象设计呼应景观轴向与边庭景观，连廊底层架空营造出景
景相渗的校园空间。

■ 鸟瞰图

人文情怀
■ 江南路中学为小初一体的综合性学校，人流大，资源有限，整体设计中最大程度整合建
筑空间，环形公共走廊，联结各个功能区，同时圆环走廊可作为中小学生的活动场地与校
园文化展览使用，保证了各个区功能独立性的同时保留了之间相互联系的便利性。以人为
本的理念贯穿整个校区。

学楼外景

育馆

庭院

■ 主楼外立面施工过程

■ 外廊空间施工过程

■ 开敞通廊施工过程

■ 连通室外楼梯施工过程

■ 开敞大连廊

■ 教学楼

■ 接待室

■ 办公室

■ 学生宿舍

■ 风雨操场

■ 内廊

外观设计

■ 立面设计追求简洁、现代的效果，主要立面材料使用白色涂料。小学和初中教学楼、实验楼外廊设置有变化韵律的木色格栅，丰富视觉效果；立面设置条形窗，并利用窗间墙面在不同楼层之间的错动，形成波浪状的立面韵律。行政楼及图书馆采用立面落地窗，通透，引入更多自然光线。食堂和风雨操场长向的立面采用错动而富有变化的窗户，短向立面更为通透。宿舍立面相对简洁明快，外廊和阳台外设置富有变化韵律的浅蓝色格栅，丰富视觉效果。

■ 庭院景观

■ 学校整体一层平面图

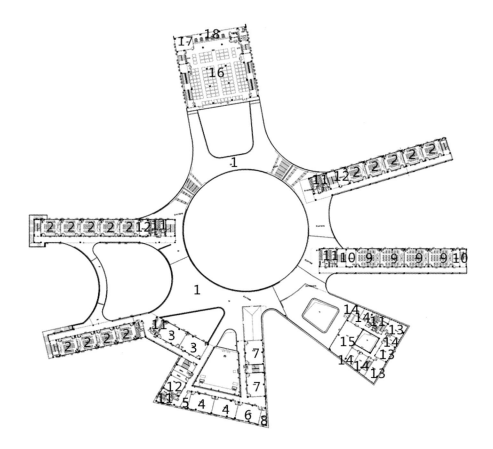

1 连廊
2 普通教室
3 美术教室
4 劳技教室
5 劳技教具室
6 书法教室
7 语言教室
8 语言资料室
9 计算机教室
10 计算机辅房
11 卫生间
12 教师办公室
13 行政办公室
14 办公室
15 会议室
16 餐厅
17 小餐厅
18 售卖区

■ 教学楼连廊外立面

■ 体育馆一层平面图

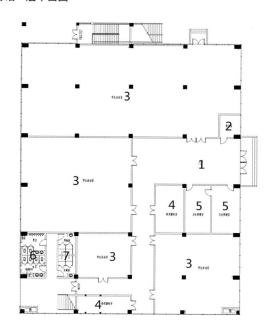

1　门厅
2　值班室
3　学生活动室
4　体育器材室
5　卫生保健室
6　卫生间
7　淋浴房

■ 体育馆二层平面图

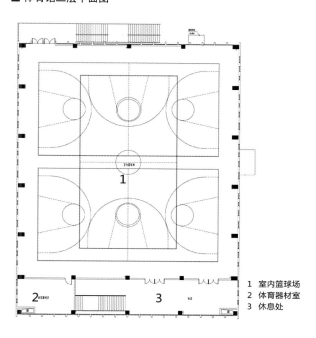

1　室内篮球场
2　体育器材室
3　休息处

■ 体育馆立面图

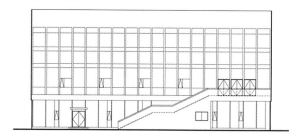

■ 体育馆剖面图

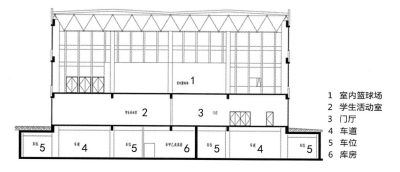

1　室内篮球场
2　学生活动室
3　门厅
4　车道
5　车位
6　库房

设计方案

■ 设计将建筑形体与丽水的气候特点充分结合。春夏时节温暖而湿润，建筑之间的庭院能将东南风引入内部空间，利用风筒效应形成气流的自然循环。局部遮阳百叶则遮挡了炙热的直射日光，保证了室内温度的舒适性并降低制冷能耗；秋冬季节，寒冷而干燥，建筑硬朗的西北角抵御寒风的侵袭。背风面的花园和中庭既可以避开寒风，又可以享受到怡人的日照，大大提升了空间的使用品质，体现了以人为本的设计理念。

专家点评

■ 项目在总图设计方面颇具创意，形似向日葵的整体布局也体现了教育建筑的特点，从中可以看出设计师对于项目定位的准确及构思的巧妙。作为一所规模较大的中学，如何将众多的教学楼单体建筑充分结合起来一直是个需要妥善考虑的问题。本次设计中，利用向心凝聚的平台连廊，把呈辐射状布局的各个教学用房有机结合在一起，形成了一个大区域上的交流及视觉中心，是符合项目实际情况的具有巧妙构思的设计手法。此外，各个学校功能分区布局合理，严谨有机地串联出了校园内部的活动及教学空间，从地面到连廊为学生提供了众多充满丰富变化的活动场所。

■ 校园建筑在总图活泼而富有活力的基础上，立面外墙以色彩典雅的白色为主，简洁明快的体块穿插其间，造型设计构思新颖独特，在多个单体围合成的建筑空间中不会产生凌乱的视觉形象。

楼骏

景 苑 中 学
JINGYUAN MIDDLE SCHOOL

设计单位：杭州中联筑境建筑设计有限公司
设计人员：王大鹏　柴　敬　黄　斌　王岳锋　徐　矗　杨旭晨　孙会郎
　　　　　冯自强　宫　达　王　芳　王　铭　潘　军　张　庚　竺新波
　　　　　唐新贵
项目地点：杭州经济开发区中心单元
设计时间：2014年3月
竣工时间：2017年8月
用地面积：4.0716万平方米
建筑面积：4.5505万平方米/地上2.8445万平方米/地下1.706万平方米
班级规模：36班

设计理念

■ 秉承"礼之序，乐之和，礼乐相成"的设计原则：书院是我国历史上独具特色的文化教育模式，建筑通常采用院落的组合方式，体现其"礼之序"。同时书院也强调与自然环境的有机结合，与园林风景的交融渗透，体现其"乐之和"。将所要求的各功能块整合设置在为若干围合、主题和而不同的院落中，充分体现出理性与感性的和谐统一，礼乐相成、天人合一的理念。建筑造型质朴典雅，围合出丰富多彩的园林化庭院，点缀以景墙、花格窗，营造出富有江南特色的"人文景院、素质景苑"的氛围。

总体布局

■ 校区整体构架设计为"一轴、两区、两园四景"。主入口正对着礼仪景观轴，自南向北串联起整个校园，形成整个校园的主要对外形象与气质。同时，校园通过礼仪景观轴的串联，自动形成了学习办公静区和生活运动动区这两个动静分区。

■ 校前区开放严谨的礼园和报告厅北面宁静的思静园，一张一弛，形成了前庭后院的格局。教学组团三个庭院和生活区庭院营造出风格不同的各种交互空间，满足师生学习、交流、休息和运动的不同需求。

■ 校园鸟瞰图

■ 底层架空与室外庭院

■ 校园入口

■ 教学楼庭院

■ 图书馆旁庭院

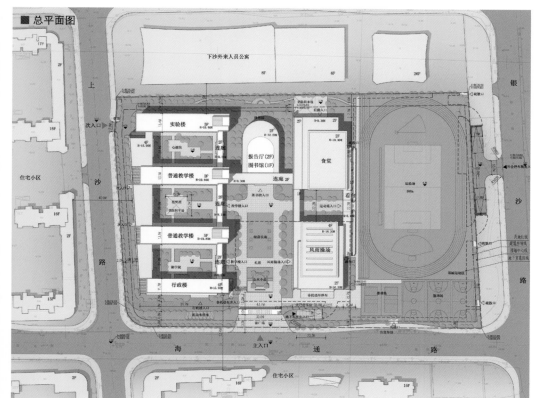
■ 总平面图

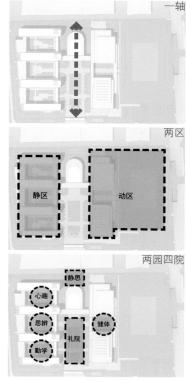
■ 规划结构分析图

以"礼乐相成，人文景院，素质景苑"为设计理念

校区整体构架设计为"一轴、两区、两园四院"

■ 一层平面图

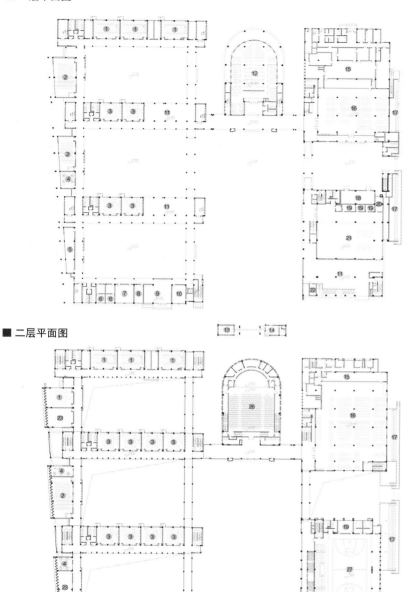

图例:
① 专业教室
② 合班教室
③ 普通教室
④ 教学办公室
⑤ 总务仓库
⑥ 医务室
⑦ 校史陈列室
⑧ 值班室
⑨ 门厅
⑩ 网络机房
⑪ 架空层
⑫ 图书馆
⑬ 家长等候室
⑭ 门卫监控室
⑮ 厨房
⑯ 餐厅
⑰ 看台
⑱ 变电所
⑲ 器材室
⑳ 办公室
㉑ 多功能运动区
㉒ 配电间
㉓ 社团活动室
㉔ 行政办公室
㉕ 心理咨询室
㉖ 报告厅
㉗ 篮球馆

■ 二层平面图

功能分区

■ 校园分为教学办公区、礼仪过渡区和生活运动区三大功能区。将普通教学楼置于校园的中心，其余各功能围绕它依次展开，充分体现了学校"以学生为根本"的设计理念。学校大门布置在南面的海通路上，从前到后的空间依次为大门、校前广场、山水小品、绿荫长廊、报告厅及图书馆，景观轴尽端的后院将成为闹市中的静谧后花园。景观轴串起的礼仪过渡区将整个校园分为动静两个区。西面的静区依次布置行政办公楼、教师办公楼、普通教学楼和实验楼，各功能区用连廊紧密相连，形成了一组丰富变化的空间序列。教学楼的南北间距做到25～30米，大大满足防噪间距，提供舒适的教学环境。东面的动区为风雨操场和食堂，两者通过一条多功能的连廊相连，并与最东面的看台形体相连，提供丰富多彩、活力十足的共享空间和屋顶平台。

立面设计

■ 在立面设计上，建筑一层以简洁通透的架空层为主，二至五层的走廊及窗口设置垂直遮阳板。朝西教师办公室的开窗特别处理成折线的遮阳百叶窗，有效减少西晒，同时形成别致的建筑立面造型。立面材料主要采用橘黄色真石漆涂料，灰色及乳白色涂料。

绿色二星校园

■ 校园通过合理布局、首层架空处理，设置绿化景观庭院，并采用雨水收集、中水回收、太阳能光伏发电等实现绿色二星标准。

■ 教学楼与行政楼

■ 教学区架空层

■ 西侧立面图

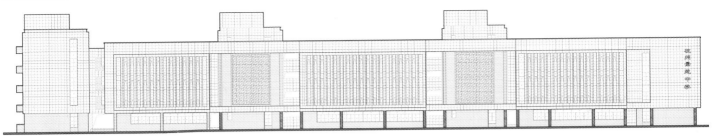

■ 南侧立面图

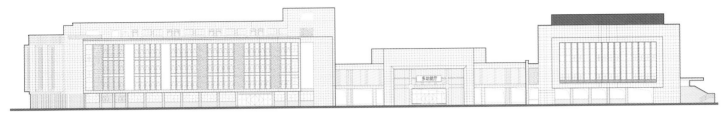

■ 教学楼剖面图

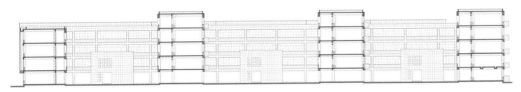

■ 风雨操场剖面图

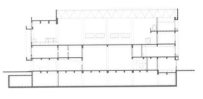

■ 教学楼立面

■ 风雨操场立面细节　　■ 行政楼立面细节

■ 教学楼立面1

■ 办公区庭院

■ 教学楼立面2

■ 西南立面

专家点评

■景苑中学在建筑功能布局和院落空间设计上有中国传统书院的轴线感和秩序感。由入口特色景观水景、大型樱花广场、图书馆报告厅公共建筑组成的中央轴线序列，将校园自然地划分为东侧的教学办公区和西侧的运动生活区，动静明晰，符合现代教学的理性需求。

■立面采用GRC镂空预制构件来演绎现代园林建筑中的景墙与景窗，实现古典园林中借景、框景、藏景和障景的手法与韵味，一步一景，虚实有度。庭院空间、景观广场结合不同人文主题的营造、建筑与绿化的精心设计，体现了校名所内涵的以景为苑，以人为本的办学宗旨。

■作为一所新建的中学，在生态景观营造的同时，还注重许多绿色环保节能的设计。项目结合建筑屋面的空间，充分利用太阳能板进行光伏发电，给公共区域的照明提供电能。而自成一体的水循环系统，也可以将雨水转化为绿化及景观用水，实现建筑绿色二星，是一所名副其实会"呼吸"的校园，在当下校园建筑设计中起到了很好的示范作用。

黎冰

无锡侨谊实验中学
QIAOYI EXPERIMENTAL MIDDLE SCHOOL, WU XI

设计单位：筑境设计
设计人员：薄宏涛　于　晨　吴　竑　张少春　曾春亮
项目地点：江苏无锡
设计时间：2008年
竣工时间：2012年
用地面积：占地2.7132万平方米，建筑1.628万平方米
班级规模：36个班

■ 侨谊实验中学的基地位于清名桥历史街区水弄堂北岸的一块不规则三角地，学校以虚空的中轴结合教工区和教学区两翼展开，一到三层的体量以丰富的坡屋顶体量组成，参差错落，简洁的硬山通过不同浓度的灰色重新诠释了充满当代感的粉墙黛瓦。校舍中一条宽阔的长街和五个大小不等的院子成了教师和学生们课余轻松交流的场所，一如曾经在这片土地的老弄堂中发生的场景。

■ 每每夕阳西下，夕晖掠过清名桥两岸的民居屋顶，为侨谊实验中学的檐口上镶嵌上灿烂的金边，在操场上勾勒出温暖的剪影，时空交汇的通感便会油然而生。冥冥间仿佛听到了新老建筑在低语，依稀都是一口吴侬软语……

■ 模型照片

■ 一层平面组合图
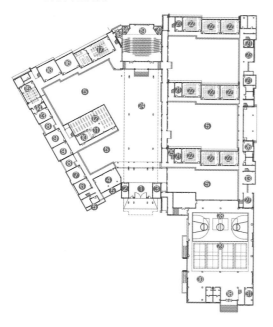

■ 四层平面组合图
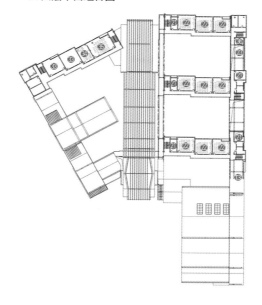

❶入口
❷警卫室
❸监控室
❹接待（校史展览）
❺庭院
❻会议
❼医务室
❽内院
❾办公区
❿查阅台
⓫借阅处
⓬书库
⓭休息区
⓮准备间
⓯生物实验教室
⓰劳技教室
⓱化学实验室
⓲门厅
⓳多功能教室
⓴音控
㉑教师办公区
㉒普通教室
㉓活动区
㉔文化走廊
㉕楼梯间
㉖广播室
㉗绿化庭院
㉘篮球区
㉙羽毛球
㉚乒乓球
㉛管理
㉜器材室
㉝舞蹈教室
㉞仪器室
㉟物理实验教室
㊱库房

■ 总平面图

普通教学楼
英语角
绿化　绿化
东侧走廊及看台
多功能综合班教室
专用教学楼
文艺角
绿化　绿化
文化走廊
普通教学楼
科技角
绿化　绿化
运动场
内院
实验及阅览楼
绿化带
庭院　绿化庭院
行政办公楼
中间连廊
庭院
普通教学楼
气象角
绿化　绿化
入口门廊
0.450
学校主入口
0.450
操场
排球场　篮球场　篮球场　排球场

■ 校区东立面

■ 学校主入口门头

建筑东立面局部

■ 庭院1

■ 庭院2

■ 主庭院廊架

专家点评

■ 近年来，中学的设计呈现出雷同的现象，一定程度上因设计者只求满足建设标准而忽视学校地域内涵的发掘。然而，本案却在不规则的用地上因势融合，作出一个颇有新意的校园，体现出浓郁的地域文化内涵，实为中学设计的佳作。设计将运动场地布置在西侧，场地东侧一组建筑顺应东边道路，用地中部一组建筑顺应西边操场，在二组建筑中间设计了一个虚轴空间较好地融合了二侧建筑群及其空间、院落；如此布局，各个功能空间脉络清晰，唯用地东南角最不规则，但设计者在这里设置校园前广场，融合了各建筑群、虚轴空间及其上的正校门、城市道路等周边环境要素，却不显突兀。东西两侧建筑立面设计是本设计的另一亮点，以现代手法诠释了传统的建筑意向，与周围建筑较好地融合，风格体现了历史街区的传统。

殷农

■ 与历史建筑屋顶对话

■ 校史馆及图书馆东侧

南通市如东县栟茶镇栟茶小学
RUDONG BENCHA PRIMARY SCHOOL

设计单位：南京长江都市建筑设计股份有限公司
设计人员：王　畅　周　璐　张　旭　王　亮　张　俊　向　雷　曾春华　张治国
　　　　　陈云峰　吴　涛　顾　巍　郑　峰
项目地点：江苏省南通市如东县
设计时间：2014年6月
竣工时间：2016年6月
用地面积：5.367万平方米
建筑面积：1.8017万平方米/地上1.7830万平方米/地下0.0187万平方米
班级规模：36班

历史溯源情境下的现代书院演绎
■ 栟茶小学位于千年历史名镇栟茶镇，原有校区是如东县建立最早的一所完全小学，具有百年的悠久历史。由于老校区用地和建筑规模及配套设施已满足不了学校发展的要求，只能采取跳出百年老镇区狭小街道的方式异地新建。
设计思考
■ 1. 以什么样的叙事手法追溯栟茶小学的百年历史？
■ 2. 什么样的空间才能体现栟茶小学独特的场所氛围？
设计策略
■ 1. 百年校史的讲述应该是通过循序渐进的方式进行铺陈，在有条不紊的叙事基础上，使人们逐步加深对栟茶小学历史的认知。
■ 通过连廊的介入，将各建筑单体紧密联系，同时划分出不同主题的书院空间；连廊本身通过宽度的拓展，置入读书、游憩的功能，活跃校园的学习氛围。
■ 2. 空间除了物理属性，其暗含的精神意义上的属性给人以更深层面的认知。通过整体空间氛围的营造及局部节点的强调处理，加深游走于校园的人们对栟茶小学的整体感知。
■ 厚重的文化、曾经的校舍形式，可以通过简洁抽象的建筑操作手法进行重新诠释。
立面设计
■ 立面主要采用灰色面砖作为外饰面材料，整体庄重大方，又不失细节。在体量上力求简洁完整，形体交接清晰分明；在建筑形体尺寸控制上力求有所突破，让使用者有不同的感受。建筑细部做法与原有校舍相呼应，具有浓郁的地域特色，使栟茶小学的历史人文得以传承。

■ 交流空间——读书廊

■ 总平面图

1 综合楼　2 会议室　3 实验楼　4 音乐、舞蹈教室　5 学生宿舍　6 教学楼　7 校史馆及图书馆　8 风雨操场　9 师生食堂

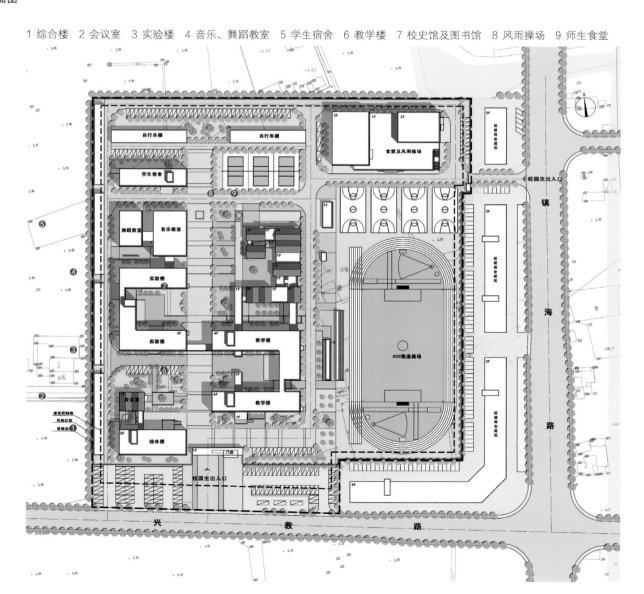

■ 校史馆及图书馆主入口

■ 图书馆庭院

■ 校史馆及图书馆东侧1

■ 校史馆及图书馆东侧2

■ 校史馆及图书馆轴测图

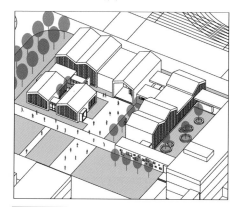

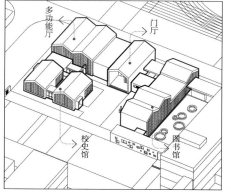
多功能厅　　门厅
校史馆　　图书馆

■ 操场掠影

■ 校园一层平面图

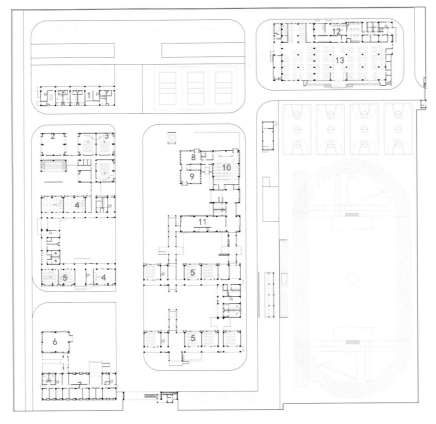

1　学生宿舍
2　舞蹈教室
3　音乐教室
4　劳技教室
5　普通教室
6　会议室
7　行政办公室
8　校史陈列室
9　德育展览
10　报告厅
11　图书阅览室
12　厨房
13　学生餐厅

专家点评

■如东栟茶小学设计在现代主义功能性板式教学楼构图中，叠加进有传统意向的、有围合感的低层坡屋顶建筑，体现了设计者对栟茶小学这个百年名校的尊重，也体现了建筑师对中国历史文化的尊重，同时也是对传统幼儿教育模式和建筑模式回归的探索。江南历史上一直是中国的文教重地，教育发达，人文荟萃，无论私学与官学、蒙学与幼学，均有较长的办学历史和成就。该设计使得校园有了历史的维度，丰富了空间层次，是一个向传统幼学致敬的作品。

周凌

■ 图书馆东侧入口

■ 教学区东侧

■ 图书馆庭院一角

■ 教学楼西立面图

■ 教学区剖面图

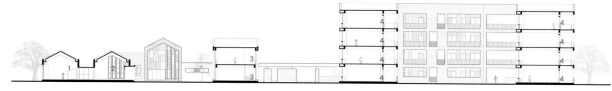

1 校史陈列室
2 德育展示室
3 图书阅览室
4 普通教室

岱 山 小 学
DAISHAN PRIMARY SCHOOL

设计单位：南京大学建筑与城市规划学院/周凌工作室
设计人员：周 凌 吴仕佳 杨 海 汪愫憬 邹 丰 应 超 张 茹 李红瑞
　　　　　陈婷婷
项目地点：江苏南京雨花台区西善桥街道
设计时间：2010年3月
竣工时间：2015年3月
用地面积：0.705万平方米
建筑面积：1.191万平方米
班级规模：24班

亲切的尺度
■ 岱山小学和幼儿园在设计开始时，希望使建筑体量尽量低矮，看上去是两层或者一层的样子。初期方案小学高度三层，入口从二层进入，主体就露出地面两层体育馆半埋在地下，地面只有一层高度，是为了在外部形成空间开阔、尺度亲切的广场。中国传统的"小学"，不管是官学还是私塾，都是一种亲切的甚至是家庭空间，所以方案初期试图尽量降低建筑体量。让建筑体积弱化，增加亲切感，减小建筑对幼儿和儿童的压迫感。

嵌入场地
■ 小学西侧条形建筑普通教室、图书室保持25米的间距，走廊东侧布置音乐、舞蹈、计算机房、多媒体教室等隔声要求不高的教室，行政办公用房叠加在东侧三层。这样集中"一栋楼"式的布局，在南面入口处留出了一个面积较大的广场，这种规模的集中户外场地在目前很多城市型小学越来越难以看到。小学体育馆拉到主体外，半埋入地下，从二层入口广场看，地面只有一层高的体积露出来，减少了对主广场的压迫。在埋入地下的一层，通过廊子直接和主楼串联相通。

紧凑的功能
■ 小学用一条8米宽的南北向长廊贯穿建筑，左侧南边两栋是间隔25米的普通教室，北边一栋一二层是餐厅，三层是图书室；右侧朝东部分，一层是音乐、舞蹈教室，二层是计算机、多媒体教室，三层是教师办公室。这样布置，既有利于分区，功能相互不干扰，又能做到流线最短，每部分使用者可以很方便到达经常活动的区域。幼儿园利用退台，每层活动单元都有充足的阳光日照，行政和服务放到一层北侧，通过一个小院子，阳光也可以照到一层走廊。

丰富的公共空间
■ 小学8米宽的长廊类似于城市街道，二三层形成一些贯通空间，图书室、会议室等公共功能穿插布置在长廊空中。二层进入门厅后，可以看到二层空中横穿有一个玻璃图书室，也可以看到横穿有一个玻璃会议室。二层长廊直通最远端，形成一个类似城市"街道空间"的区域，街道里布置了凸出和凹入的"学习角落"，儿童在这里能找到一种室外的丰富感受。光线从侧面、顶面不同位置照进街道。教师的走廊在街道二层（即建筑三层），教师可以从上观察街道内儿童的活动，起到及时看护的作用。

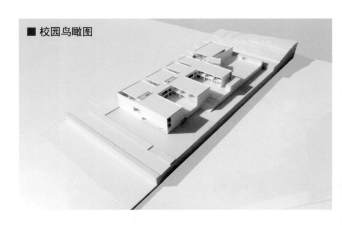

■ 校园鸟瞰图

■ 二层平面图　　　　　　　　　　■ 三层平面图　　　　　　　　　■ 建筑生成分析图

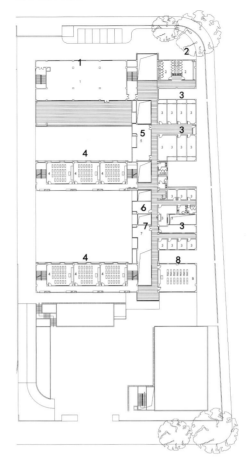

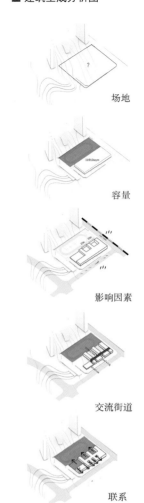

场地

容量

影响因素

交流街道

联系

1 备餐	4 科学教室	7 计算机教室	1 阅览室	4 普通教室	7 广播室
2 食堂	5 辅助用房	8 多媒体教室	2 厕所	5 教室阅览	8 多功能教室
3 厕所	6 普通教室	9 门房	3 办公室	6 会议室	

入口广场

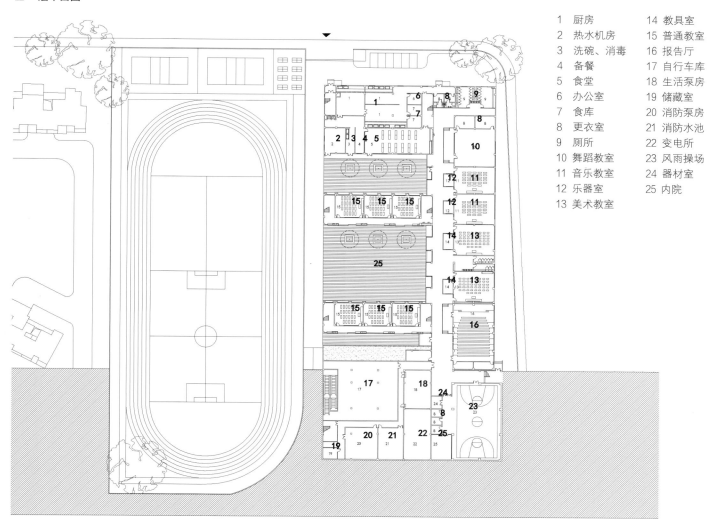

1	厨房	14	教具室
2	热水机房	15	普通教室
3	洗碗、消毒	16	报告厅
4	备餐	17	自行车库
5	食堂	18	生活泵房
6	办公室	19	储藏室
7	食库	20	消防泵房
8	更衣室	21	消防水池
9	厕所	22	变电所
10	舞蹈教室	23	风雨操场
11	音乐教室	24	器材室
12	乐器室	25	内院
13	美术教室		

■ 为呼应场地环境，设计试图使建筑成为一块顺应坡度的长方块，如一道石坎嵌入坡地，从而使建筑显得低矮、亲切，照顾儿童的视觉感受，减少体积的压迫感，原本三层的建筑看上去只有两层高。

■ 本设计充分关注公共活动场所空间的营造。建筑内部模拟城市街道，通过一条街道式的通廊组织西侧的教学楼和东侧的服务体，通廊内部形成两层通高的儿童公共交流空间。因东侧北侧靠近公路，为了塑造静谧的环境，东侧北侧尽量减少开窗。为增加采光将各种大大小小的庭院穿插在房间之间，共同构成老师、学生互动交往的"小社会"。

■ 总平面图

■ 入口广场和教学楼

■ 教学楼西侧

■ 教学楼南侧

■ 南立面图　　　■ 北立面图　　　　　■ 剖面图1

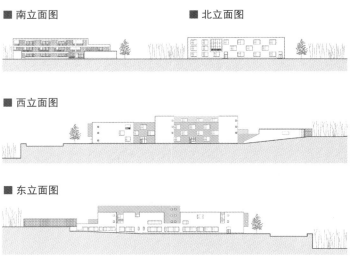

■ 西立面图

■ 东立面图

■ 剖面图2

■ 剖面图3

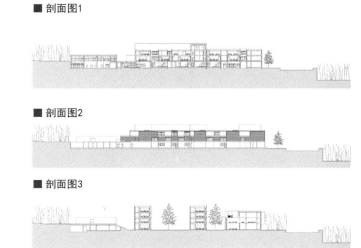

■ 校园东立面

■ 广场和门房

■ 小学教学楼

■ 操场和教学楼

■ 小学入口

■ 教学楼室内走廊

专家点评

■ 岱山小学的设计敏锐地感知和利用了场地的坡地地形，使建筑的体量自然地嵌入基地，同时又通过剖面设计将这种地形特点转化为多方位的师生空间尺度体验，从而在场地与建筑及使用者之间建立起积极的关联。岱山小学平面组织以师生的公共活动为中心，其形式传达出清晰的功能逻辑和空间秩序。由白色墙体和白色格栅形成的建筑整体形象简洁、轻盈而层次丰富。

■ 当前多数学校立面设计都在努力揣度和迎合儿童心理，力求通过材质和色彩变化的策略来使校园建筑显得丰富活泼，而岱山小学设计给出了另一种尝试，素白、抽象的立面表达了一种中性的立场，使建筑后退形成校园生活的背景，反衬出师生活动的丰富多彩。

于雷

南侧整体鸟瞰照片

山东省东营市第一中学
SHANDONG DONGYING NO.1 MIDDLE SCHOOL

设计单位：江苏中锐华东建筑设计研究院有限公司
设计人员：荣朝晖　顾爱天　孙新峰　冯　杰　王雪丰
项目地点：山东省东营市金湖开发区
设计时间：2014年3月
竣工时间：2016年9月
用地面积：44.9532万平方米
建筑面积：18.747万平方米
班级规模：120班

聚落学苑

■ 顺着东三路，驱车北行15分钟后，被告知到了新校区的基区，深秋的阳光明媚，瑟瑟的寒风和空旷的景象让人产生了一丝城市存在的不真实感觉。远离了一切城市气息，东面巨大的人工湖（金湖）宁静中带着萧瑟。学校基地一片平坦，芦苇随风摆动。只有基地四角部的石油钻机和远处的平房还显示着人工痕迹的存在。在一片自然景象中，人显得十分渺小，这就是东营市一中基地的最初印象。

■ 东营，是一座崭新的城市，工整的规划加上丰富的土地资源，造就了城市空旷、水平的气质。

■ 在没有一般城市的杂乱的同时，似乎也缺乏了一点活力，一丝意外。现场城市气息的一片空白造就了设计的无限可能。没有限制，造就了设计的源动力苍白，但同时也使设计真正回归到项目自身的需求。与大学不同，高中学校教育强调的是诗性和理性的结合，没有理性就没有控制力，但缺乏诗性，也就丧失了创造力，而这两者的均衡应该在建筑上得以体现。营造一个丰富多变而又清晰的微型城市空间是设计的基本想法。而这一个概念的概括表达就是"书院学苑"。"院"是小尺度思考读书、交流的空间，而"苑"是大尺度的生活场景。我们希望的是一个学习的乐园，充满生机，富有活力，而建立和组合这两者的关系是设计的关键。

■ 对于一般城市新区和以聚落为代表的集群形态而言，后者拥有主宰外部空间的能力，人并不是从凝视式或鸟瞰建筑的方式来体验群体空间，空间只有通过连续的移动才能被感知。这也是聚落最大的魅力。而这种模式还具有生成不同变化形式的能力，这是一种强烈的可适应性，系统是从最小的组织结构获取最大的效率和长活性，这就是我们处理东营一中的空间策略。一种基于内部要求，以一定方式自然生长的群体体系，是一种理性和诗性的结合。

■ 高二年级教学楼

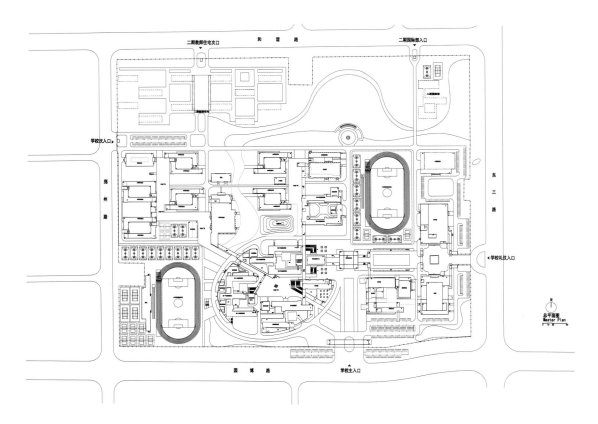

■ 根据以往完成的高中项目后期的数据分析得知，高中生的行为模式较为简单，学习占据了他们大部分的时间，活动时间主要集中在中午和傍晚用餐后。主要活动场所就是教学楼、生活区和体育场，因此这三者之间的三角关系是非常重要的。设计通过最直接的连接处理这组关系。三者围绕着一个开放水体空间、教学楼、生活区滨水布置，以获得一个良好的环境。

■ 在主要的功能分区完成后，是群体的建筑化过程。基于"聚落学苑"的设计理念，我们选择的是一种富有活力和适应性的集群设计，而放弃了一般学校的图案化设计倾向。因为空间尺度和功能块的存在更多的是以图案限制为设计依据，而非人的活动特点和空间感受为出发点。功能块以最便捷的直线方式作为联系，这是整个学校的内在秩序。而每个功能块以聚落模式组合，氛围不同的次级组团，空间也因此表现得各样而富有意外，这种空间的不均质性是激发空间活力的基础，也是激发学生创造性的载体。

■ 学生学习、吃饭、运动时间分配线　　　　　　　　　　　　　　　　■ 功能分区

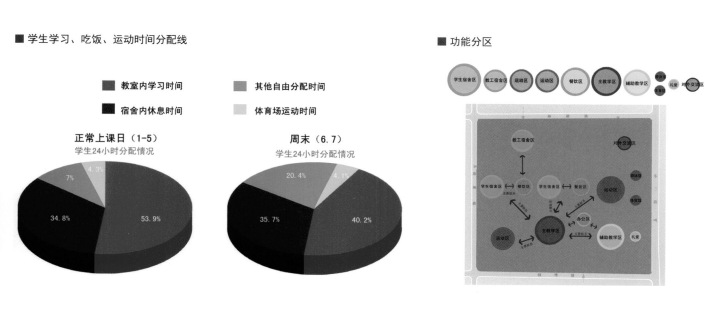

229

■ 2号食堂二层平台入口

■ 西立面图

■ 高三年级教学楼

■ 实验楼夜景

■ 3号宿舍入口

■ 教学楼食堂连廊

■ 教学楼宿舍连廊

■ 一层平面图

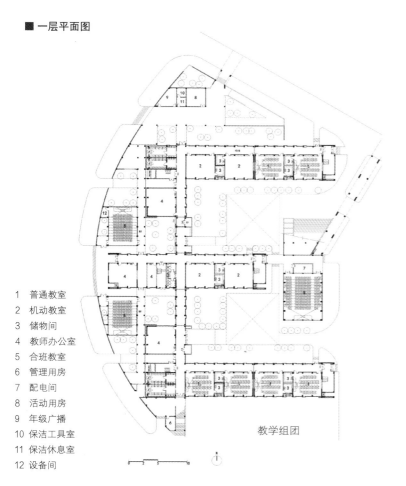

1 普通教室
2 机动教室
3 储物间
4 教师办公室
5 合班教室
6 管理用房
7 配电间
8 活动用房
9 年级广播
10 保洁工具室
11 保洁休息室
12 设备间

教学组团

■ 水平是东营的城市印象，而水平带来的宁静气质也正是学校建筑需要的。整个校园从水平向的挑板和走廊作为立面的主要特征。底层的基准处理给纯现代的建筑带来了一些古典的意味，也进一步加强了宁静、典雅的气质。整体的统一性和个体的差异的协调也即个性和共性的统一。

■ 材料上采用彩釉玻璃、高级弹性涂料和山东地方产的耐火砖组合方式。在强调现代、简洁的同时，也表达出一定的地域特色。

专家点评

■ 如何驾驭一个拥有120个班，规模达到18万平方米的巨型中学，对于每个建筑师来说都是艰巨的挑战，而过于平整的用地和空旷的城市新区环境也难以激发灵感。东营一中的设计者始终在避免立足于空中的效果来进行设计。比如：在作为学校中心的教学组团设计中，他们宁愿让建筑散乱一些，并且通过卵型的环路和构筑物来限定边界，从而压缩这组建筑的间距，使它们占据空间，互相产生亲密的对话。充斥在建筑之间的平台、廊道进一步增加了建筑密度，使师生在穿行其间时体验到宜人的尺度。此外，在面对如此多建筑组成的建筑群时，设计者很好地克制住了自己进行花哨的形式变化的欲望，建立起必要的形式逻辑和空间秩序，促成了项目的成功。这种收放自如的态度也是建筑师成熟的表现。

马进

■ 碑廊庭院照片

江苏省南菁高级中学
JIANGSU NANJING HIGH SCHOOL

设计单位：江苏中锐华东建筑设计研究院有限公司
设计人员：荣朝晖　顾爱天　孙新峰　冯　杰　王雪丰
项目地点：江苏省江阴市敔山湾开发区
设计时间：2007年3月
竣工时间：2008年9月
用地面积：20万平方米
建筑面积：9.96万平方米/地上9.7万平方米/地下0.26万平方米
班级规模：60班

书院重现

■ 江苏省南菁高级中学的前身，是江苏学政黄体芳在光绪八年（1882年）创办的"南菁书院"，书院命名取朱熹的名言"南方之学，得其菁华"之意。百年南菁，历经沧桑，积淀了深厚的文化底蕴。清末，南菁书院是江苏全省的最高学府和教育中心。学校新校区的选址在未来的新城，远离中心城区。基地是一块山北的用地，异常不规则，自然的地貌是最大的资源。山体虽然不高，但在江南地区已属珍贵。以"长江水师协镇署衙"为基础建立的南菁书院，使建筑和教育模式得到融合，在当时形成了一种研究院式的开放教育，而院落空间正是这其中的核心。因此院落也将成为新南菁的灵魂，传统符号折射出的却是现代的思想。静谧的空间，是学生思考和辩论的场所。而单体建筑的平淡却可以营造出非凡的院落空间，这种书院空间的开放性恰恰就是现代教育的精髓。

■ 群体建筑，重点并非具体的建筑形态，而是相互间的一套规则。这点在江南古镇上表现得很明显。顺水势而成的街道是规则的基础，人行尺度是基本单位，一栋接一栋的复制个体的差异完美融合在整体的规则中，这是传统的魅力，其核心就是在一定次序下的院落，以及院落相互间表现出的尺度和序列关系。而后者也许更为重要。相互间的关系才会产生引力，也才会真正打动空间中的主角——人。

■ 与很多中学不同，南菁中学的中心并不是一个实体的建筑，而是一个虚的空间中心。各个分解的空间单元依靠这个空间中心（景观湖）来统一，实体建筑从轴线上的转移是基于多方面的考虑。一方面，虽然表现的空间特质相同，但现代和历史轴线所表现的空间尺度是有很大差异的，实体的控

■ 南菁校址（长江水师协政署衙图）

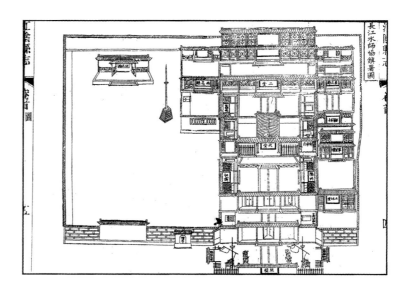

制远不如虚体的转换来得更有韵味。主体建筑让开现代轴线，两者以一座天桥联系，充分表现出了虚空间存在的另一个原因——对山体的尊重。天桥和主体建筑形成的框景，很好地过渡了现代轴入口广场的锯齿形空间。山体成了校园自然的对景，这也是让使用者最为满意的设计：在自然面前，建筑以谦虚的方式退在后面，留下的是空间的愉悦。

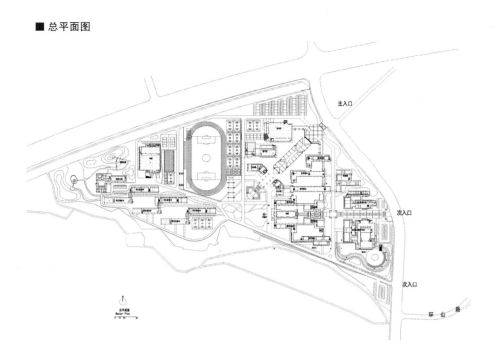

■ 总平面图

主入口

次入口

次入口

环山路

总平面图
Master Plan

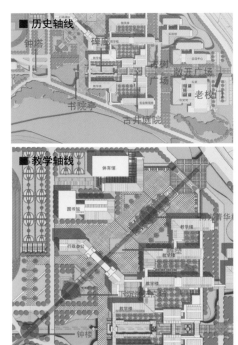

■ 历史轴线

钟塔
碑廊
古树
广场
敞开广场
书院亭
老校
古井庭院

■ 教学轴线

体育馆
图书馆
教学楼
行政办公
清华楼
教学楼
钟楼

■ 历史轴线鸟瞰图1

■ 历史轴线鸟瞰图2

■ 老校门

■ 学校建筑严格的规范使得次序的建立变得非常简单。面对异常不规则的地形，以一套规矩的网格均布，使得个体之间获得一种高度的整体性。但这不是关键，行进方式的确立，是激活这套网格的核心，为此，以两个入口对应的轴线确立了。有趣的是，地形原因导致的其中一条轴线的45度偏角，给整个规划带来来了戏剧性的变化，使得方格网表现的空间均质性存在了潜在的崩溃，这是更接近江南古镇的空间特质。两条轴线的交点特意设计了一座钟楼，刻意强调了轴线的转折关系，同时两条路径上都有了对景，使得建筑群获得了更强的整体性。

■ 两条轴线的功能赋予分别象征历史和传统，而更主要的用意还是在一个现代的建筑群中，综合这两者元素。如前文所述，相互院落间表现出的尺度和次序关系是最重要的，这是获得场所感的关键。在现代轴两侧，布置的是教学区。五层建筑的体量已远远大于一般意义的传统建筑。尺度的转换是必须的，这也是一个需要刻意研究的过程。在结合模型和经验的基础上，确定了最窄处1：2的空间比例。20米的建筑高度，对应着40米的间距，这使得建筑在获得围合感的同时又不至于压抑。由于45度斜轴的关系，空间表现出了有节奏的收放状态，很具有张力。历史轴以低矮的校史馆、阶梯教室构成，高度的降低也呼应着左右距离的靠近。层层递进的关系，使得历史轴线表现出了更为近人的尺度。这也是设计最希望获得的空间感受。

■ 教学主轴线夜景

■ 古井庭院实景

■ 传统空间序列的重塑

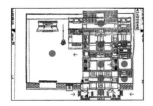

序列

■ 各种院落空间的重构

自由

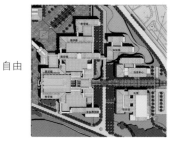

■ 二层平面图

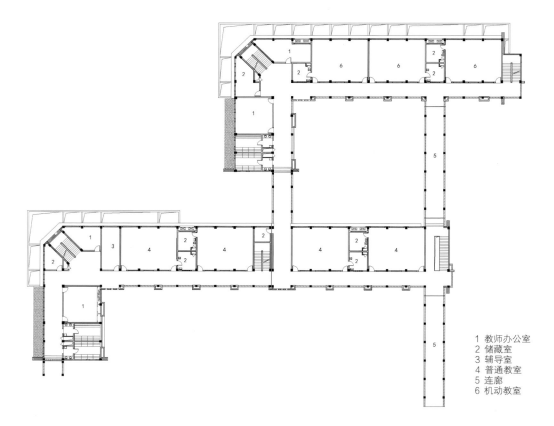

1 教师办公室
2 储藏室
3 辅导室
4 普通教室
5 连廊
6 机动教室

■ 细部构造

■ 在整体规则建立后，单体的建筑形态的呈现也就不是难事了。相比正统的传统建筑，江南民居表现出了在一种方式下更丰富的表情。基本构成的相同使得建筑形态非常具有整体性，这也是新南菁的构成方式。尽管个体功能有差异，但无论是教学楼、实验楼还是体育馆、阶梯教室，都以一种构成方式形成建筑形态。个体以群体的方式参与到空间的营造中。在具体构成上，并不是简单的复制片断，而是通过对构成方式的复制，提炼片断的元素加以升华，使新建筑既现代又有传统精髓。整体建筑以山墙、墙基、墙身、屋顶为四个基本部分，并置的关系强化了建筑的传统渊源。

■ 学校的文化表达，一方面是地域文化的体现，但对于南菁这样的百年名校，更重要的是自身人文的传承。庆幸的是，南菁在这方面有非常殷实的实物资料。设计不是想复原一个历史场景，而是要把空间的文化感表达出来。为此，在历史轴线上，以院落为主体，人行路线为骨架，形成了小尺度的场所，这是新南菁的精髓。晨雾中，走过院落套叠的阶梯教室，推开厚重的木门，迎着若隐若现的钟楼来到走廊围绕的水池边，手可触摸屋檐，廊边的石碑提醒着观者南菁历史的荣耀，依栏而坐望着远山，自由的思想在空气中蔓延，这才是学习的场所。

■ 剖面图

1 走道
2 机动教室
3 架空活动空间
4 普通教室

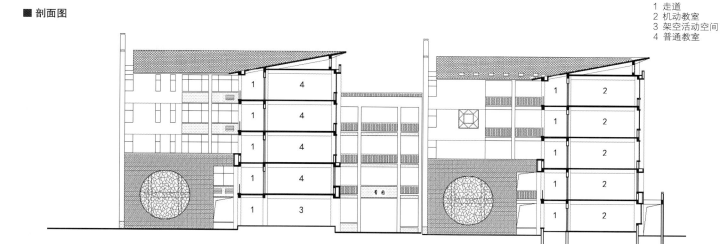

■ 1号、2号教学楼实景

专家点评

■ 江苏省南菁高级中学是一所具有百年历史的中学，其渊源可追溯至百年前的江苏南菁书院。新建校园回溯历史，规划设计在四个方面有所创新：第一，借鉴了传统书院布局模式，回应了其特定的办学历史与地方文化源流。第二，校园布局上巧妙利用斜向主轴线与横向次轴线，行成两组具有围合感的院落体系，解决了不规则地基带来的问题，充分利用和体现了地形的特征。第三，建筑密度借鉴了低层传统建筑的紧凑布局方式，适当加大建筑物的密度，以系列小尺度建筑穿插填充于大尺度功能组团中，塑造了非常适合交流学习的人性化空间，避免了现代校园机械化、大尺度的功能主义生产线式的排布方式。第四，建筑形式语言采用现代和传统的结合，结构形式也丰富多样，真实合理。总之，南菁中学设计有效摒弃了当时苏南地区盛行的简单模仿西式古典风格的倾向，在传承中国传统文化方面作出了有意义的探索。

周凌

■ 东侧整体照片

江阴实验小学北校区
JIANGYIN EXPERIMENTAL PRIMARY SCHOOL NORTH CAMPUS

设计单位：江苏中锐华东建筑设计研究院有限公司
设计人员：荣朝晖　顾爱天　年苏宁　王 蓓
项目地点：江苏省江阴市
设计时间：2012年10月
竣工时间：2015年5月
用地面积：3.7808万平方米
建筑面积：4.2215万平方米
班级规模：60班

快乐的学习乐园

■ 这个项目把设计还原到一个非常简单的目的：为孩子创造一个快乐学习的乐园，自由成长的外部环境。

■ 在现有严格的学校规范下，正式学习的教学空间被限定在了一个很小的变化范围之内，行列式的布置是用地集约限制下的必然结果。教育模式也使教室的方式在很长时间内不会有大的改变，作为设计而言，能有所作为的就是公共空间的营造。孩子在学校的自由活动是我们一直关注的问题，我们希望孩子尽可能在课余时间去接触自然，但公共活动空间狭小、课间时间短，使得这个年龄的孩子往往在教室的走廊上进行一些有限的活动，因此把纵向交通空间放大，通过拓扑变形形成更丰富的空间，把各组教室和辅助功能穿在一起，形成了整个学校的"脊柱"。孩子们可以在课间方便地到达这个空间，尽情地享受美好短暂的课间时间。

■ 小学生的自主能力有限，所以和教师的关系是比较密切的。由于放大的交通"脊柱"的存在，使得辅助功能的设置相对比较灵活，在纵向交通廊的一侧，间隔安排了和学生最密切的卫生间和教师办公功能，使得学生的基本活动在有一定自由空间的同时，又处在一个方便师生交流和管理的范围内，避免产生不受控的安全问题。

■ 行政楼黄昏照片

■ 行政办公楼

■ 教学楼内院

■ 总平面图

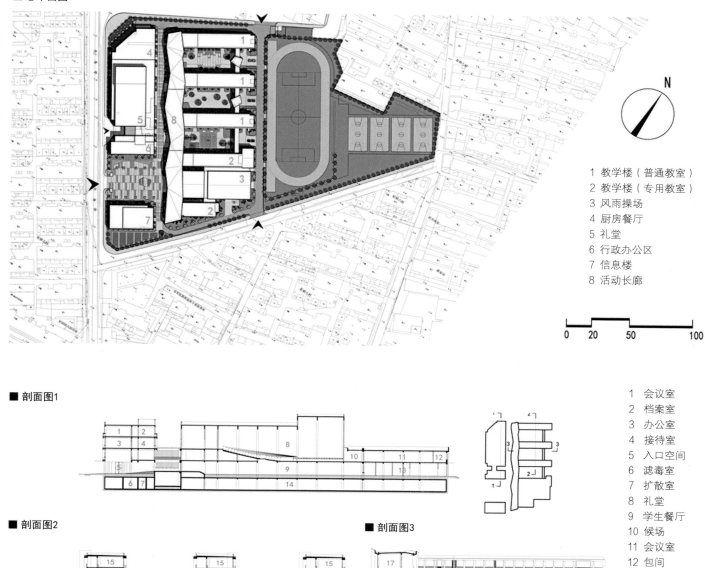

N

1 教学楼（普通教室）
2 教学楼（专用教室）
3 风雨操场
4 厨房餐厅
5 礼堂
6 行政办公区
7 信息楼
8 活动长廊

0 20   50   100

■ 剖面图1

■ 剖面图2

■ 剖面图3

1 会议室
2 档案室
3 办公室
4 接待室
5 入口空间
6 滤毒室
7 扩散室
8 礼堂
9 学生餐厅
10 候场
11 会议室
12 包间
13 厨房
14 地下车库
15 普通教室
16 消防水池
17 教师办公室

■ 学校的使用主体是小学生，弱化建筑体量，缩小空间尺度是设计的重点，关注小学生的使用感受，依据儿童的行为模式，创造一个符合孩子自身特点的健康的学习环境是设计的出发点。色彩是设计考虑的重点因素，彩色盒子的加入，活跃了教学空间氛围，丰富了建筑表情。

■ 教学区盒子视点景观

■ 入口广场

■ 教学楼内院

■ 长廊实景照片

■ 一层平面图

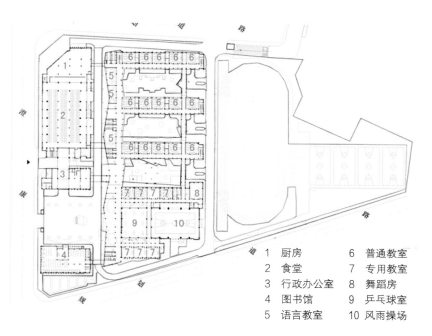

1	厨房	6	普通教室
2	食堂	7	专用教室
3	行政办公室	8	舞蹈房
4	图书馆	9	乒乓球室
5	语言教室	10	风雨操场

■ 教学区长廊

■ 东立面图

■ 西立面图

专家点评

■江阴市实验小学是在紧张且不规则用地条件下设计者的从容应对，集约、紧凑、合理的功能安排后设计的重点转移到公共空间与场地的重新定义，原本的交通空间被放大与丰富，原本相对消极的庭院空间被充分利用，巷道也因为活动长廊的变化而灵动起来，所有这些由用地局促带来的不利限制恰恰成为设计者应对与思考的来源。张弛有度，设计对形体的处理，色彩的选择令人印象深刻。

王畅

■ 校园北侧航拍

南京外国语学校河西分校
NANJING HEXI FOREIGN LANGUAGE SCHOOL

设计单位：东南大学建筑设计研究院有限公司
设计人员：高崧 蔡芸 邹康 孙菲
项目地点：南京河西南部吴侯街
设计时间：2012年10月
竣工时间：2016年3月
用地面积：7.7820万平方米
建筑面积：9.8402万平方米/地上7.8526万平方米/地下1.9876万平方米
班级规模：54班

■ 集约化中学校园的设计策略：1. 空间的竖向发展：通过高层数的设置满足繁多的功能需求；2. 朝向的突破使用：结合东西朝向布置辅助用房，提高建筑效率；3. 场地边缘的有效利用：顺应场地边界，减少边角消极空间；4. 双层地面：利用辅助用房屋顶形成二层地面，增加活动空间。

■ 分析图1

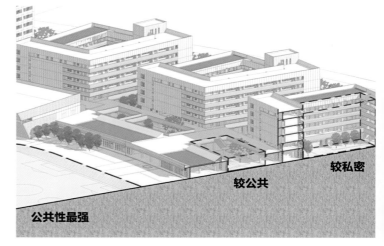

公共性最强　　较公共　　较私密

■ 分析图2

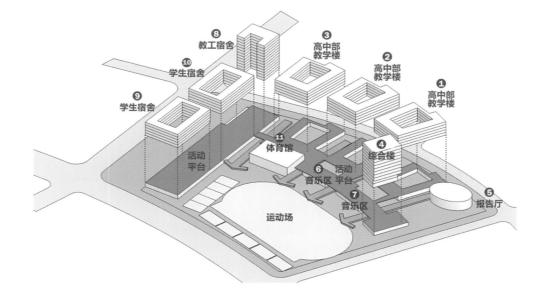

⑧ 教工宿舍
⑩ 学生宿舍
③ 高中部教学楼
② 高中部教学楼
① 高中部教学楼
⑨ 学生宿舍
⑪ 体育馆
④ 综合楼
活动平台
⑥ 活动平台
音乐区
⑦ 音乐区
⑤ 报告厅
运动场

校园主入口

■ 校园全貌

■ 报告厅一侧

■ 校园全貌

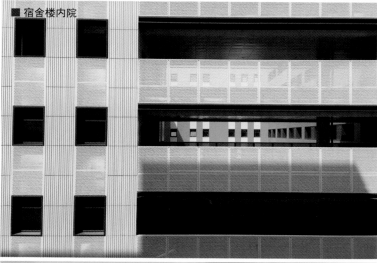

■ 宿舍楼内院

■ 总平面图

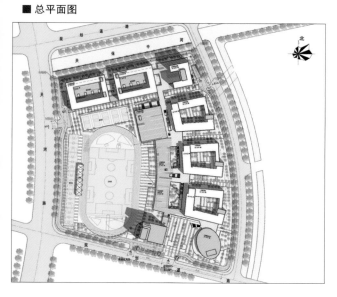

■ 体育馆西侧

■ 报告厅南侧入口

■ 报告厅二层入口

■ 屋顶活动大平台

■ 教学楼内院

■ 教工宿舍西侧

■ 教学楼西侧平台

■ 学生餐厅

■ 体育馆

专家点评

■ 面对这样的基地，用地紧张且不规则，建筑师通过高度集约的方式和扇形布局巧妙地化解了种种矛盾，形成了一种有序的秩序。如果说扇形布局在应对城市界面的基础上消解掉所有的边角用地，成为布局成功的根本，那么"双层地面"概念作为建筑师的创新之笔，创造性地将一层院落空间和二层平台空间有机地组合为一体，在高密度的校园状态下实现空间的再生成。而对于中学而言，"双层地面"所形成开放空间、半开放空间和安静空间等多属性空间，成为教学和学生活动的适宜场所。此外，建筑师通过整体的表皮设计语言和简约的现代语汇将南外的名校气质充分表现出来。

刘志军

■ 幼儿园和小学组合鸟瞰图

南京青奥村小学和幼儿园
NANJING QINGAOCUN PRIMARY SCHOOL&
KINDERGARTEN

设计单位：南京市建筑设计研究院有限责任公司
设计人员：汪 凯 蓝 健 蔡振华 刘佳佳 赵福令 郑 添 徐海华 蒋卫卫
　　　　　江 韩 杨 飞 陆楠楠 王 凌 徐正宏
项目地点：江苏南京
设计时间：2012年11月
竣工时间：2014年7月
用地面积：14.3万平方米
建筑面积：3.66万平方米
班级规模：小学36班，幼儿园15班

共享之园
■ 南京青奥村小学及幼儿园地处青奥村南侧，包括36班小学、风雨操场和15班幼儿园共三栋建筑，总建筑面积约为3.66万平方米。设计采用共享理念，通过多空间流动形成有机且生动的空间组合，同时将绿色理念融入布局规划与建筑技术之中。

围合布局—共享
■ 总体布局采用开放流通的理念，幼儿园沿用西北侧布局，小学采用"回"字形布局设置于用地的东南侧，共享的风雨操场沿东北侧道路设置于幼儿园、小学之间，三栋建筑围合形成共享的公共活动庭院。建筑围合向用地南侧打开，使庭院空间日照充分。如此布局在界定围合空间的同时，有效地利用自然采光和通风，以达到功能共享、空间共享与自然资源共享。此外，通过将小学底层架空将公共围合庭院与小学"回"字形内庭连通，架空层内设置展厅、阅览室和小礼堂等公共空间而成为学校共享的交流中心。

多级空间—流通
■ 建筑围合形成公共庭院，而每栋建筑通过多级庭院（立体花园）实现公共庭院的空间延伸。从公共庭院通过楼梯可达幼儿园的音体教室南侧的二层庭院，此庭院成为音体教室独立的室外庭院空间，为儿童的音体活动提供了更多的选择。公共庭院与小学的底层架空层相通，形成流通的空间环境，通过两座大台阶，可达小学二层的活动平台及上部的回廊空间，与斜插于回廊空间之间的室外楼梯形成连续的趣味路径。架空层、二层庭院、回廊空间等多级空间穿插延伸将立体层次与空间体验带入单调的"回"字形布局中。

■ 幼儿园和小学组合总平面图

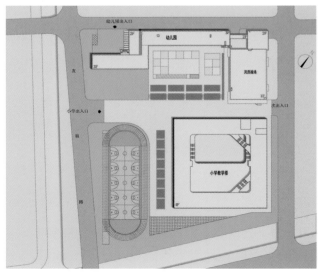

幼儿园和小学组合

幼儿园和小学组合主入口

■ 小学教学楼南侧

■ 小学内院楼梯

■ 小学教学楼内院

■ 小学内院景观

■ 幼儿园和小学组合一层平面图

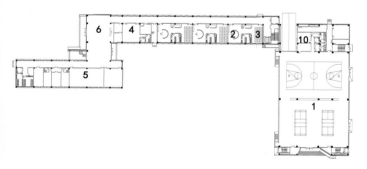

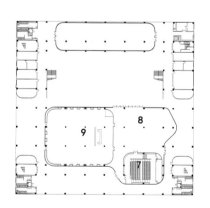

■ 幼儿园和小学组合二层平面图

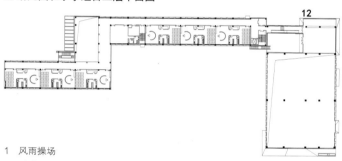

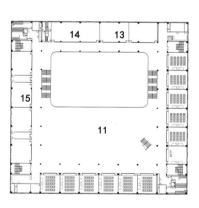

1 风雨操场
2 活动室
3 休息室
4 教师办公室
5 行政办公室
6 门厅
7 报告厅
8 展厅
9 阅览室
10 体测室
11 露台
12 音体教室
13 活动教室
14 教学办公室
15 教室

小学教学楼西北侧

■ 小学教学楼回廊

■ 小学教学楼外立面

■ 幼儿园和小学组合校园全景

专家点评

■ 南京青奥村小学所处的城市路网与正南北向大致呈45度，建筑师充分利用特殊的地形条件，打破常规的行列式校舍排列模式，将小学教学楼采用"回"字形围合布置，形成可供学生活动的庭院。这个庭院通过二层活动平台、一层架空层和大台阶与校园的其他空间连通，将给学生们留下深刻的记忆。整个学校设计，在丰富的空间和缤纷的建筑外表下，蕴含着质朴的建筑功能与基地完美结合的设计思想，创造出围合共享、多级流通的校园空间。

刘志军

255

■ 操场西南侧

南京市丁家庄居住片区
A14 地块小学

NANJING DINGJIAZHUANG RESIDENTIAL
AREA A14 PRIMARY SCHOOL

设计单位：南京邦建都市建筑设计事务所
设计人员：马 进 刘宇澄
项目地点：南京市丁家庄片区
设计时间：2014年10月
竣工时间：2017年8月
用地面积：1.852万平方米
建筑面积：1.5145万平方米/地上0.8922万平方米/地下0.6223万平方米
班级规模：24班

程式化小学建筑的新形象

■ 南京市丁家庄居住片区A14地块小学，位于聚宝山北部的丁家庄居住片区，为一座四轨制24班小学。该小学的设计有三个突出的特点：

■ 第一，在小学空间模式上进行探讨。为了解决常规学校建筑中学生课间因活动场地过远而放弃课间活动的弊病，本方案将学校辅助用房聚集成为两片低平的体块，形成了标高位于二层的两片大型活动平台。所有的普通教室都设在紧邻平台的二楼和三楼，不但可以让所有学生都便捷地从教室到达平台上的课间活动场地，而且可以使普通教室位置较高，采光、通风俱佳。同时，设计中运用若干天井院和三个天窗，改善了一层辅助功能部分的采光通风，营造了漫游在一层时可以体验的一些趣味空间；

■ 第二，采用"S"形走廊串接教学楼，空间变化丰富，平面利用率高，且东西向仅设单走廊，有利于中间的普通教室的采光通风。由于在教学楼之间设有通畅的活动平台，一定程度上弥补了"S形"走廊的唯一缺陷——交通路线较长；

■ 校园整体环境

■ 第三，采用模数元素控制立面，立面的模数为6米，所有开窗、洞口都在这个模数控制下进行变化。主要的墙面统一为深灰、浅灰和白色的三色涂料，呈窄条形错动拼色，获得了灵动的视觉效果。作为"基座"的辅助功能部分都采用深绿色涂料，内廊采用纯度较高的明黄、橙色和棕色。外皮的淡灰色"竖纹"图案和内廊的彩色色块使建筑呈现出灵动的、多层次的视觉效果。

■ 小学建筑是规范严格、造价低廉、非常程式化的建筑类型。项目中的点点创新，都推动这种相当固化的建筑类型向多样化转变，并为中国中小学素质教育的早日实现作出贡献。

■ 校园入口

■ 多功能教室

■ 总平面图

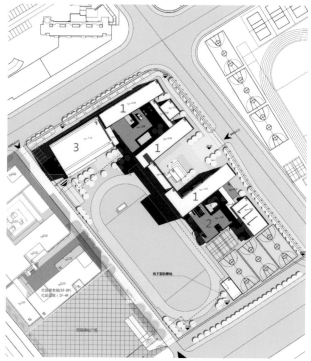

1 教学楼
2 行政楼
3 食堂

方案没有采取传统双侧走廊连接的"目"字形布局，而是采用了蛇形布局。整体布局方式具有以下优势：

1. 减少一条走廊，为教室提供了更多采光机会；
2. 教学楼以三层为主，且普通教室全部布置于二、三层，电教类专科教室由于有贵重设备，因此单独布置于四层，其余专科教室布置于一二层；
3. 二层露台为学生提供了便于到达的宽阔活动场地；
4. 通过减少走廊面积，一定程度上降低了造价。

■ 一层平面图

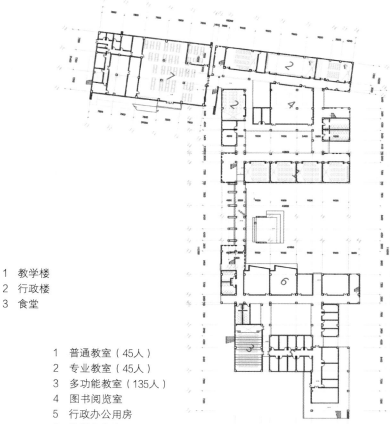

1 普通教室（45人）
2 专业教室（45人）
3 多功能教室（135人）
4 图书阅览室
5 行政办公用房
6 教学办公室
7 餐厅

■ 蛇形布局分析

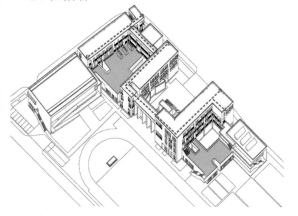

■ 教室采光分析

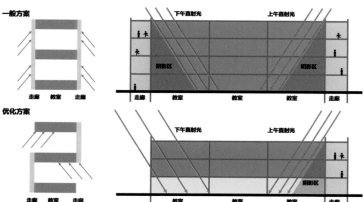

■ 东立面图

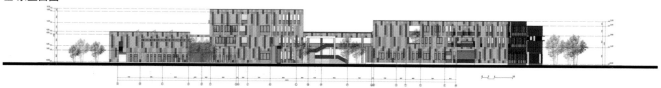

■ 剖面图

屋顶平台

多功能教室

■ 一般方案

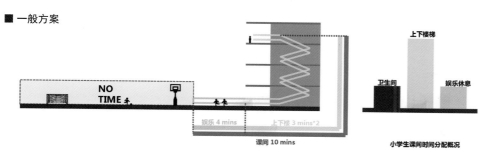

NO TIME

娱乐 4 mins　上下楼 3 mins*2

课间 10 mins

上下楼梯

卫生间　娱乐休息

小学生课间时间分配概况

■ 优化方案

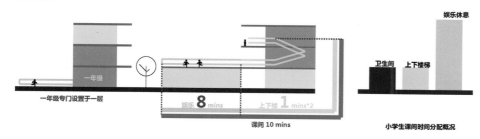

娱乐休息

一年级

一年级专门设置于一层

娱乐 **8** mins　上下楼 **1** mins*2

课间 10 mins

卫生间　上下楼梯

小学生课间时间分配概况

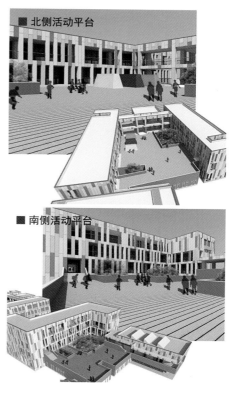

■ 北侧活动平台

■ 南侧活动平台

■ 调查研究发现，大部分小学生目前的课间活动行为存在很大的局限性和不足，往往是学校内部精心设计了丰富多彩的活动空间，但实际上在课间却难以到达和高效利用，所以方案提出二层活动平台的做法。12个四至六年级的普通教室布置于三层，只需下一层楼梯就可到达活动平台；另外12个一至三年级普通教室布置于二层，直接与活动平台相接，可以更方便地进行室外活动，从而从整体上提升校园文化生活的质量。

■ 轴测分解图

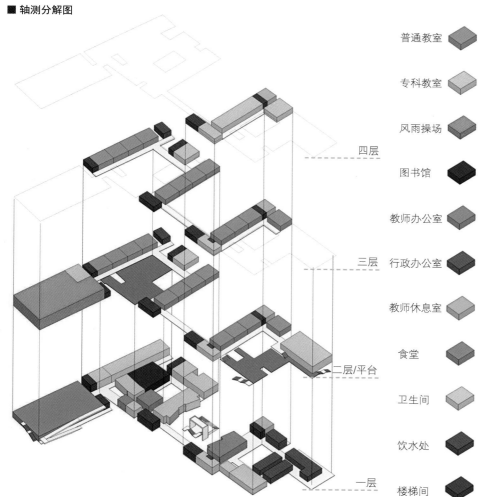

普通教室

专科教室

风雨操场

图书馆

教师办公室

四层

行政办公室

三层

教师休息室

食堂

二层/平台

卫生间

饮水处

楼梯间

一层

■ 屋顶平台

专家点评

■ 用A14这个编号作为学校的代名恰恰反映了项目的平常，对这类项目的关注才是建筑师社会责任的体现。A14名称对应的是关注度和条件的低下，用地紧张和资金严格限制是这类项目的特征。在有限的条件下，建筑师营造了复合有趣的空间，并通过严格模数的表皮，有效控制了施工，使得建筑表现出了超越造价的品质。而该结果的得出并不是随机的偶然，而是建筑师对学生活动及尺度研究后理性分析的成果。对于小学生而言，把四层的教学楼转化为对应不同活动平台的两层教学用房是非常利于孩子活动的设计。跳开项目本身，这套处理方法尤为值得推广。

荣朝晖

■ 综合楼

南师附中IB国际部

HIGH SCHOOL AFFILIATED TO NANJING
NORMAL UNIVERSITY INTERNATIONAL BRANCH

设计单位：江苏省建筑设计研究院有限公司
设计人员：刘志军　吴丹丹　王　端　刘畅然
项目地点：南京市察哈尔路37号
设计时间：2015年1月
竣工时间：2016年4月
用地面积：0.724万平方米
建筑面积：1.2306万平方米
班级规模：18班

项目缘起

■ 南师附中IB国际部是一个原有建筑的改造更新项目，缘起于汶川地震以后，所有中学校舍必须提高抗震等级而进行的结构加固。由于原有校舍建设年代较早，功能置换后原有教学楼的功能布置以及使用空间已无法满足新的使用要求，所以以结构加固为契机，对建筑的功能布局、内外装饰进行全方位的改造。
■ 改造内容包括：结构加固，内、外墙体改造恢复及内部局部功能调整，平屋面改坡屋面，局部楼层拆除及加宽，加设2部电梯及新增钢结构疏散楼梯，建筑外部装修等。

新民国风格

■ 南师附中创立于民国时期，是百年老校，因此立面方案最终落脚在"新民国风格"上，体现学校严谨的学术氛围和悠久的历史沉淀。
■ 以古典建筑三段式构图为底，加上带有中国传统元素的装饰细部。外墙采用外挂"砖幕墙"，底层采用灰色石材幕墙。窗套、檐口、屋顶采用深灰色铝板。将现代的技术手法与传统的元素风格融合，形成"新民国风格"。整体建筑厚重又不失时尚，既充满历史氛围又饱含现代气息。

■ 教学楼

■ 综合楼西立面

■ 教学楼

■ 挂青砖墙面施工过程

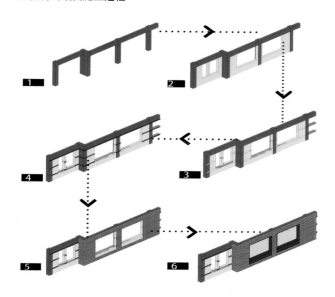

砖饰面外墙

■ 仔细推敲青砖装饰外墙的细部设计，对于细部的渐变肌理，窗户洞口铝板的做法、窗下墙做法均有不同的设计尝试。同时还推敲了与之相对应的砖柱，栏杆等做法。

■ 在已有建筑外进行外挂青砖饰面，克服了外墙砖易松动脱落的技术难题，采用构造圈梁，角钢分块，钢丝网，拉结筋等一系列措施，并且在经过多次实验之后，最终确定了外挂青砖墙面做法。在确保了外挂青砖墙面安全性的同时，又兼顾了立面的完整性与美观的要求。

■ 综合楼、教学楼、宿舍楼二层平面图

1 综合楼
2 北侧连廊
3 公共活动走廊
4 学生宿舍
5 学生宿舍
6 南侧连廊
7 公共卫生间
8 升旗台

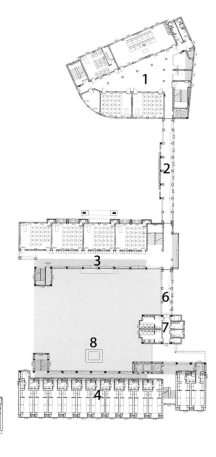

■ 青砖外墙

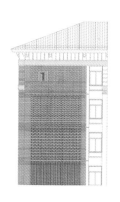

■ 窗下墙

■ 总平面图

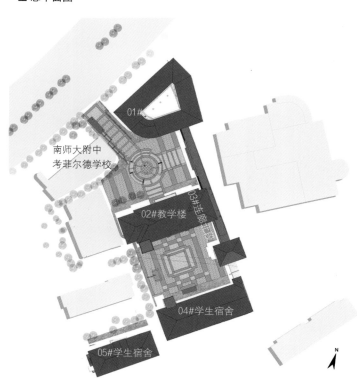

■ 一层连廊内景

■ 南侧连廊

■ 宿舍

■ 教学楼入口拱门

通过改造提升生活空间品质

■ 原有宿舍为八人间上下铺，整个宿舍空间狭小，无法放置置物柜。砖混结构经过加固之后，住宿空间将进一步缩小。同时卫生间置于宿舍入口处，干湿没有分离，入口处长期积水，且面积较小，无法设置淋浴洗澡空间。

■ 改造设计将原宿舍卫生间取消，原有走道外移，扩大原有宿舍空间。利用原走道空间将其整合成为一个独立的卫生间，不改变原有宿舍布局，同时达到干湿分离的目的。

扩大交往空间

■ 原有教学楼布局规整，用地局促，缺乏学生交往活动空间。改造设计中将2.4米的走廊扩大至4.8米，走廊形成宽敞的活动交往空间。

整合服务空间

■ 原有建筑连廊空间为闲置空间，原有圆形平面已无法满足使用要求，面积浪费严重。改造设计中重新设计原有闲置空间，将整个服务空间从教学空间独立出来，统一使用管理并完善使用要求。

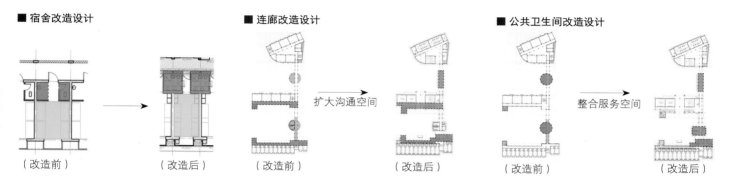

■ 宿舍改造设计 （改造前） （改造后）

■ 连廊改造设计 （改造前） 扩大沟通空间 （改造后）

■ 公共卫生间改造设计 （改造前） 整合服务空间 （改造后）

专家点评

■ 南师大附中IB国际部是个改造项目，结合加固改造对公共空间的提升似乎是建筑师的命题作文。保留原有建筑无疑是对校园文脉的尊重。建筑是记忆的承载体，相对关系和体量是最关键的因素。在这个创作空间相对狭窄的范畴内，建筑师在克制的前提下，对建筑进行空间的微改造，释放了公共空间的活力，而这对于高中生来说是最重要的。表皮的处理无疑是这个项目的一个亮点。精心的设计和精准的构造让砖的表情跨越了时间，即融入历史又极具现代性，让整个建筑体现出了传世的匠人质感。新建筑的落成比改造前更具场所的融入感。这其中有一个重要的因素就是：建筑师没有炫术，而是让它转化为砖表皮精彩存在的有力支撑。

荣朝辉

■ 南侧连廊与宿舍楼

■ 从连廊看教学楼

南通市如东县新区初级中学

THE MIDDLE SCHOOL OF RUDONG NEW DISTRICT

设计单位: 南京长江都市建筑设计股份有限公司
设计人员: 王 畅 周 璐 张 旭 王 亮 毛浩浩 向 雷
张 俊 宁善文 曾春华 张治国 陈云峰 吴 涛
顾 巍 郑 峰
项目地点: 南通市如东县
设计时间: 2014年6月
竣工时间: 2016年6月
用地面积: 5.3283万平方米
建筑面积: 3.1702万平方米/地上3.1593万平方米/地下0.0109万平方米
班级规模: 36班

庭院介入下的校园组群空间

■ 校(学习的场所)+园(游憩的庭院)。建筑的布局力求清晰合理,为师生提供明确的空间感受;建筑以外的庭院形式,讲求多层级院落体系在空间上的渗透。

■ 庭院介入与建筑组群空间。庭院与建筑有着天然的图底关系,两者时刻进行着空间氛围的互动,积极熏陶着活动其间的使用者。在功能布局规整清晰的前提下,通过不同性质的院落,将各功能区进行串联。每个功能区有属于自身的、围合或半围合的庭院,在各功能自成一体的同时,通过空间体系的渗透,将散落的单体组织成错落有致的校园组群空间。

统一的立面设计语言

■ 立面通过结构梁外显,强调建筑水平方向的延伸感,这既是建构逻辑的回归,也有利于建筑组群在设计语言上的统一,从而使得观者对该建筑群体形成独特的整体认知。

■ 立面采用灰、白、赭三种主要色彩进行统筹,以求塑造沉稳的形体意向;再间以鲜艳的红、黄、绿三种色系点缀,丰富了立面的情感表达,符合学生的心理特质。

■ 十年树木、百年树人的抽象化表达。教育的宗旨在于育人,教育的方式在于循序渐进,成功的获得在于把握朝夕。通过金属穿孔板模拟出树形剪影,将其散布于公共空间的立面,时刻强化师生对"十年树木、百年树人"这一训示的认知。

校园一景

校园整体鸟瞰

■ 校园主入口广场

■ 阶梯教室树枝状剪影表皮肌理

■ 教学区庭院

■ 总平面图

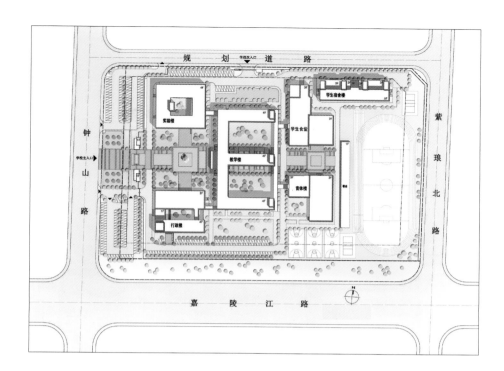

■ 教学楼东立面图

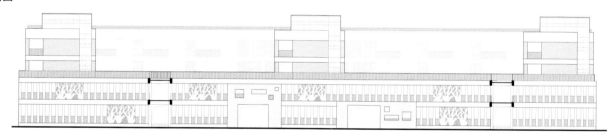

■ 教学楼剖面图

1 普通教室
2 自行车停车区
3 活动教室

■ 教学区庭院组图

■ 主入口广场

■ 教学区南侧

■ 校园一层平面图

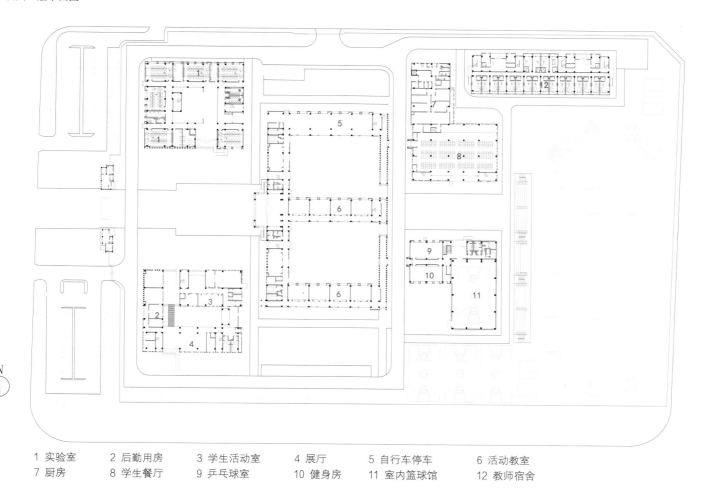

1 实验室　　　2 后勤用房　　　3 学生活动室　　　4 展厅　　　5 自行车停车　　　6 活动教室
7 厨房　　　　8 学生餐厅　　　　9 乒乓球室　　　　10 健身房　　11 室内篮球馆　　12 教师宿舍

专家点评

■如东新区初中所呈现出的紧凑、高密度的空间格局，将学生学习、生活、活动的空间紧密地联系在一起，体现了以学生为本的中小学校园的真正价值；而连廊、庭院、架空层与广场等不同尺度的交流空间，外墙立面富于逻辑且造价适中的建筑语言，映射出建筑师清晰、有节制的思维。这种理性回归无疑是对当前"唯形式论"的恰当回应。

高庆辉

■ 操场掠影

■ 艺体楼风雨球场下方的公共活动空间，玻璃盒子内为舞蹈教室

苏 州 湾 实 验 小 学
SUZHOU BAY EXPERIMENTAL PRIMARY SCHOOL

设计单位：九城都市建筑设计有限公司
设计人员：张应鹏 黄志强 唐超乐 王濛桥 倪 俊 董霄霜
项目地点：江苏苏州
设计时间：2014年8月
竣工时间：2016年7月
用地面积：7.6283万平方米
建筑面积：6.9975万平方米
班级规模：小学10轨60班，附属幼儿园6轨18班

学校建筑综合体
■ 建筑整体设计成教学综合体的模式，既节约用地，保证了内部空间的使用效率，又提供了最大的户外空间。由于本项目两块用地均呈南北进深小、东西向面宽大的特点，其中小学部将各功能区进行重构、整合，从西到东分成普通教学区、专业教学区、食堂、报告厅、体育馆综合楼以及400米标准运动场四个区，通过风雨廊、中庭、多功能通道等连接，共同形成学校综合体；幼儿园部位于小学部的西北角，从西到东分成以食堂为主的生活区、教学区、公共活动区。

提供素质教育的建筑场所
■ 学校的公共空间，如小学部的校园展示、社团活动、音乐、绘画、图书馆、体育馆等位于校园入口等核心位置，并紧临主要的交通空间，以空间优先的方式强调素质教育的地位与特点；在中央游廊的西侧，3个突出平台的椭圆柱体分别对应3种主动式的知识获取体验：图书馆、报告厅和幼儿园的多功能体验厅。其下部的非功能空间两层通高架空，运用了一种"空间投射"的策略来扩展场所的情节和体验：将上部的室内功能映射、延展到下部的开敞中庭之中。

人性化关怀的入口空间
■ 小学、幼儿园的主入口处均设计了可供接送家长的休息等待空间，家长们可在这里相互交流，也可实时了解学校发布的各种信息，加深对学校的良性互动；正对内部中轴20米宽的"中央游廊"，既是社会与教育互动的视觉通廊，又为解决上下学家长接送车辆的拥堵以及全校性活动的开展提供场所。

运动广场
■ 拥有2000多名学生的小学，需要有足够的集散和活动广场。运动广场由体育馆、风雨廊以及可与风雨廊相连的看台围合而成，形成学校户外活动空间的延展，打破以往校园运动场地功能的专属性，让户外活动空间更加积极。在运动与交往中，展示校园活力。

具有与城市尺度相符的建筑形体
■ 运用城市设计手段，充分考虑地区特征和现状环境特征，加强景观风貌设计，塑造一个具有鲜明标志个性和现代化时代气息的学校建筑。建筑东侧为开放的运动场地，建筑立面通过明快的设计形象向城市界面打开；在建筑沿街面的西侧、南侧、北侧分别规划了20~30米的市政绿化，建筑沿街界面通过开放通透的空间，从而更好地利用与回应周边的环境特征。

■ 从运动场上空俯瞰小学

■ 西侧教学区教学楼间院落中孩子们的活动区

■ 总平面图

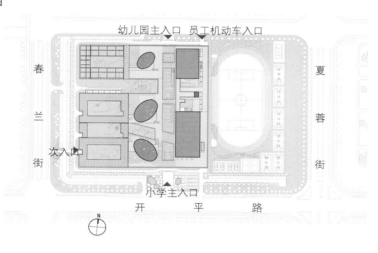

幼儿园主入口　员工机动车入口

春兰街

夏蓉街

次入口

小学主入口

开　平　路

N

■ 透过操场看艺体楼的舞蹈教室

■ 实践楼与信息科技楼之间的庭院与屋顶平台

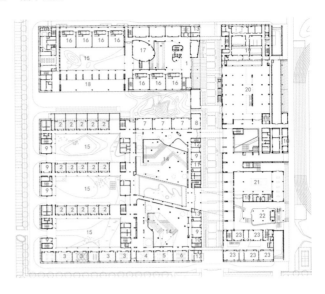

■ 一层平面图

■ 操场两侧的看台及台阶

1 入口门厅	13 值班室
2 普通教室	14 中庭
3 科学实验室	15 室外庭院
4 泥塑实践室	16 休息活动室
5 手工实践室	17 多功能厅
6 书法教室	18 半室外活动区
7 计算机房	19 厨房
8 电教室	20 学生餐厅
9 办公室	21 训练馆
10 工具间	22 舞蹈室
11 录音棚	23 美术教室
12 广播中心	

■ 可限时对城市开放的校园内部公共"街道"

■ 四层平面图

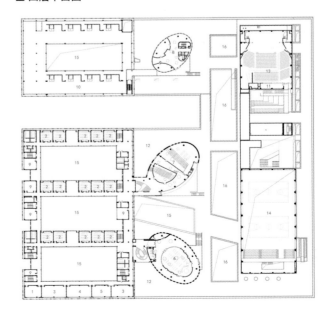

■ 透过操场看校园东立面

■ 剖面图

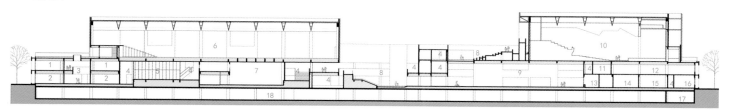

1 音乐教室 2 美术教室 3 室内中庭 4 走道 5 舞蹈室 6 风雨球场 7 羽毛球训练馆 8 庭院 9 学生餐厅 10 报告厅 11 洗消间
12 烹饪实训室 13 学生备餐厅 14 蒸煮间 15 加工间 16 副食库 17 消防水池 18 地下车库

■ 阶梯教室外部空间

■ 小学图书馆下的共享大厅

■ 教学楼西立面

■ 剖透视图

1 阅览室　2 中庭　3 书法教室　4 少先队队室　5 小报告厅　6 中庭　7 计算机房　8 电子阅览　9 教师休息室
10 中庭　11 活动室　12 模型室　13 艺体室

专家点评

■ 这座学校的两个方面的特质给我留下了深刻的印象。首先，是城市性：拥有2000名学生的小学和幼儿园的建筑群规模巨大，被整合在200米见方的巨大方块中，形成了"城市中的城市"。城市中的广场、街巷、纪念物都浓缩在其中，并且在空间立体组合下获得了戏剧性的效果。南北贯通的入口"长街"在接送学生期间可向城市展开开放的姿态，同时以"峡谷"的断面向城市展示学校的活动；其次，是"非功能空间"：空旷并且异常复杂的交流区被放置在了最重要的中心部位，而"真正实用"的教学区处于边缘，紧凑而略显呆板。这个举措彰显了设计者对于开放性的、非严格限定的空间与其中可能发生的自由、互动的教育活动的偏爱。至于娴熟的空间手法和构造、材料把控，都被笼罩在这两处光辉下，显得谦虚和自如。

马进

■ 小学南入口处的中央游廊

■ 小学风雨操场下面的中央游廊

北郊幼儿园入口公共大厅

幼儿园专业教室

■ 校区鸟瞰夜景

宣城市第二中学
THE SECOND MIDDLE SCHOOL, XUANCHENG

设计单位：东南大学建筑设计研究院有限公司
设计人员：韩冬青　孟　媛　王恩琪　董亦楠　韩雨晨　刘　华　邹　莉
　　　　　方　洋　范大勇
项目地点：安徽省宣城市水阳江大道
设计时间：2013年2月～2013年8月
竣工时间：2017年
用地面积：5.6万平方米
建筑面积：2.0399万平方米
班级规模：扩建32班（综合楼）

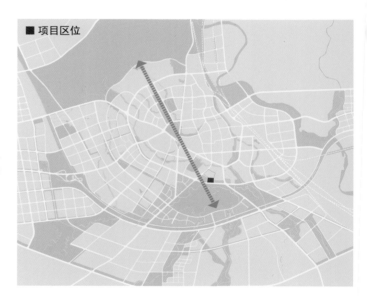

■ 项目区位

■ 本项目为校园扩建工程，坐落于宣城市环宛陵湖北段，水阳江大道以北，原宣城市第二中学校园南侧。该场地南侧直接面向宛陵湖，具有极好的滨湖景观资源，其东西两侧分别有大剧院、规划馆、图书馆等文化类建筑。其建设将对环宛陵湖地段的城市空间格局和整体形象产生重要影响。

设计概念——宛陵湖畔的现代书院
■ 1. 宣城的文化特色：笔墨纸砚、文房四宝，徽州传统书院的启示；
■ 2. 围合式布局：创造现代书院的特殊气质和活力；
■ 3. 有水则灵：充分利用湖光山色，创造与宛陵湖相连通的校园公共空间和景观特色。

■ 建筑布局策略比较

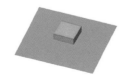

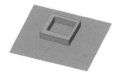

1 分散式布局　　　　　　　2 集中式布局　　　　　　　3 围合院落式布局

■ 校园主入口

■ 总平面图

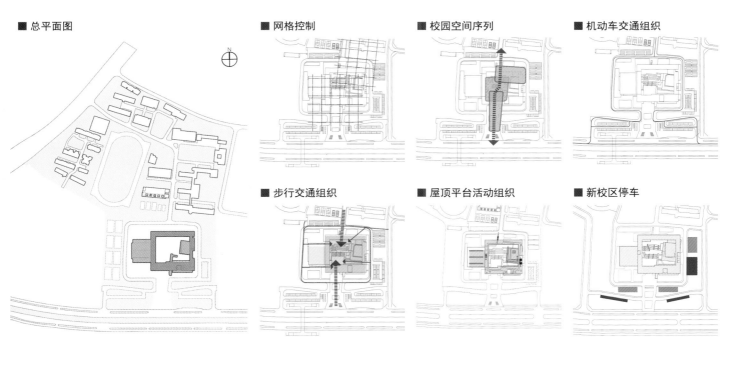

■ 网格控制

■ 校园空间序列

■ 机动车交通组织

■ 步行交通组织

■ 屋顶平台活动组织

■ 新校区停车

■ 立面图

■ 城市大剖面

| 老校区
23米标高 | 扩建部分
22米~18米标高 | 校前广场
辅道
沿道绿化
18米~16米标高 | 水阳江大道
16米标高 | 滨湖绿化
16米~14米标高 | 宛陵湖
14米标高 |

■ 校园东南角

■ 内庭院南望宛陵湖

■ 内庭院日景

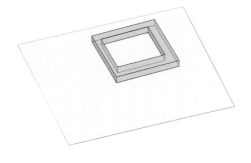
■ 上部主体院落

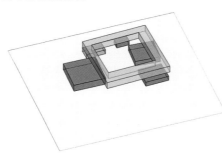
■ 下部散落的盒子

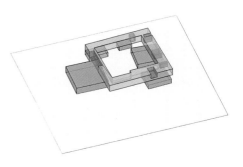
■ 挖出空中庭院

■ 新校园场地北高南低，最大高差约6米。其中，南侧科技楼6层，其地面层标高高于水阳江大道约2米，场地高差在校前广场及沿路绿地中化解；北侧教学楼用房5层，其地面层标高高于南侧科技楼一个标准层层高(4米)，场地高差在建筑院落中化解，同时利用地面原有坡度实现报告厅内观众席座位的升起。

■ 为实现新老校园人流和空间的连通，利用场地高差和新建筑综合体的公共平台层设置连通老校园地面层、新校园建筑综合体的坡道和廊道系统。为实现新校园建筑综合体对宛陵湖景区景观资源的充分利用，将南侧科技馆的三层公共平台和屋面层平台设为景观层。

■ 内庭院连廊

■ 一层平面图

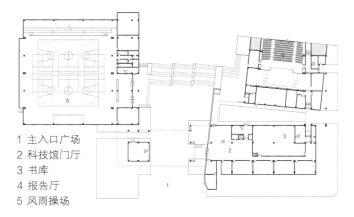

1 主入口广场
2 科技馆门厅
3 书库
4 报告厅
5 风雨操场

■ 二层平面图

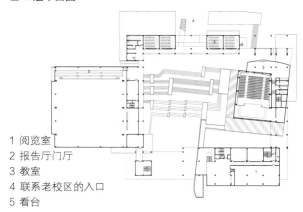

1 阅览室
2 报告厅门厅
3 教室
4 联系老校区的入口
5 看台

■ 三层平面图

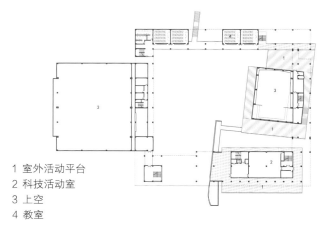

1 室外活动平台
2 科技活动室
3 上空
4 教室

■ 四层平面图

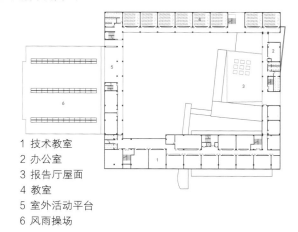

1 技术教室
2 办公室
3 报告厅屋面
4 教室
5 室外活动平台
6 风雨操场

■ 五层平面图

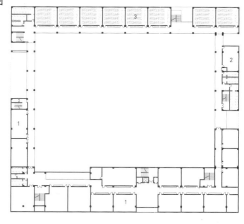

1 技术教室
2 办公室
3 教室

■ 六层平面图

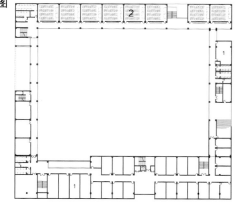

1 办公室
2 教室

专家点评

■传承文化是教育的一个重要功能，校园作为教育的场所，也是传承文化的一个重要载体。利用建筑表征传统文化，可以具象，也可以是抽象的空间意境。宣城市第二中学扩建工程，取意宛陵书院，采用院落式布局，用现代建筑语言塑造出徽州传统书院的气质和氛围。这种设计手法，由于建筑所处的特定城市环境，显得尤为自然得体，使得校园建筑与周边的文化建筑、大型综合体共同组成连续的城市界面。同时，采用完整的围合院落组织不同的使用空间，使得原本略显零散的校园空间变得鲜明、整体。

刘志军

■ 北教学楼入口

■ 教学楼东立面局部

■ 内庭院夜景

张家港凤凰科文中心、小学、幼儿园

ZHANG JIA GANG FENGHUANG CENTER PRIMARY
SCHOOL & KINDERGARTEN

设计单位：九城都市建筑设计有限公司
设计人员：于　雷　戴　芳　邓宏峰　许　潇
项目地点：江苏张家港凤凰镇
设计时间：2013年
竣工时间：2015年
用地面积：7.58万平方米
建筑面积：4.75万平方米
班级规模：小学8轨48班，幼儿园6轨加3个托儿班共21班

■ 张家港凤凰科文中心、小学以及幼儿园是一所实现学校与社区共享理念的示范性教育建筑综合体。

■ 该综合体将小学功能中的报告厅、风雨操场、食堂，运动场、图书馆和艺术类教室共400个相对独立的设置与周边的社区共享，而政府也为此提供部分资金支持，提升了这些设施的建筑标准，并将其图书馆纳入政府的24小时社区图书馆计划。同时凤凰镇也是中国少年足球"贝贝杯"的比赛基地，凤凰小学的运动场设施也结合集训和比赛做了专项设计，建成高标准的灯光球场和五人制足球训练场。

■ 通过街区化的布局形态来实现空间的开放和共享。综合体形成三组相互平行的建筑关系，与周边社区共享的科文中心在最北侧，其外围空间完全向市民开放，并结合城市河道形成滨水步道，市民在开放的时间可以由此自由进入所有共享的文体设施；小学教学设施在中间，与科文中心共享一条步行街，这里是相对开放的区域，在学校上课期间不对外开放，学生可以在此自由活动。街两侧的展厅、图书馆、音乐舞蹈室均朝街道开放，为学生提供一个非常有活力和社会化的空间。科文中心与教学空间之间通过天桥相连，方便师生平层使用各层教室；幼儿园布局在最南侧相对独立，小学与幼儿园之间布置了绿化的停车场。三座建筑长短不同，其西侧留出的空地形成了连片的运动场区。

■ 创造一个激发学生自主学习的空间。一个好的学习空间，是一个充满信息和活动的空间，各种有趣的信息在一个空间内高密度交汇，各种学习活动互相吸引，凤凰小学就是要创造这样的空间，并通过流线和视线的设计引导学生的轨迹和视线。建筑设计充分利用基地的大面宽特点，形成两排教室和两进院落关系，南边一排全部为普通教室，以获得好的采光和通风条件，而北边一排则为专业教室，这种布局使学生在日常课间可以快速地到达专业教室，同时因为专业教室处在学生日常活动的范围内，也使其起到教学窗口的作用，激发学生的学习兴趣。南北两侧所有教室走廊均直接环绕庭院，使庭院成为活动的中心。

■ 总平面图

生街连廊

■ 报告厅主入口

■ 校园入口局部

■ 一层平面图

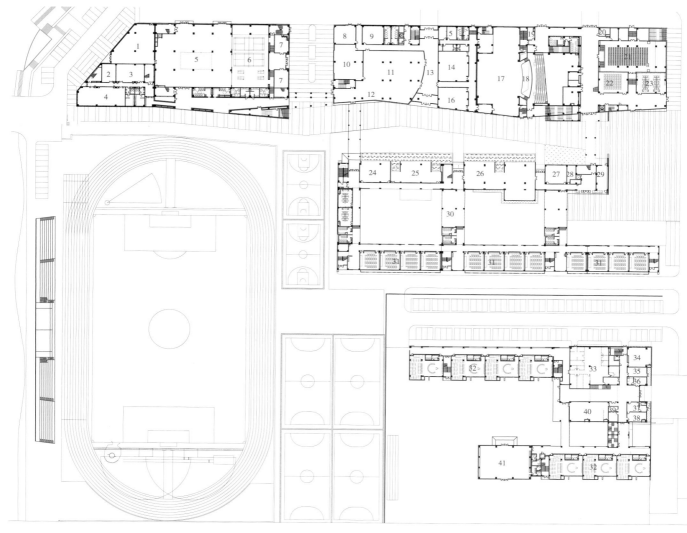

1 展品库房	10 亲子阅览室	19 VIP休息室	28 接访室	37 晨检
2 医务室	11 阅览室	20 门卫室	29 监控及消控室	38 保健室
3 体质测试室	12 电子阅览区	21 报告厅	30 学生作品展廊	39 家长接待室
4 票友活动室	13 展示连廊	22 文化资源播放室	31 普通教室	40 舞蹈教室
5 临时展厅	14 舞蹈排练厅	23 网络文化园办公室	32 活动及休息一体室	41 音体室
6 羽毛球馆	15 化妆室	24 教师办公室	33 家长学校	
7 棋牌室	16 音乐排练室	25 德育展廊	34 教师活动室	
8 24小时自助阅览区	17 主舞台	26 校史陈列室	35 信息室	
9 书库	18 乐池	27 总务办公室	36 门卫室	

■ 科文中心剖面图

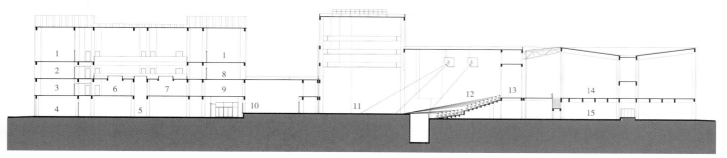

1 美术书法活动室	6 民间文化展厅	11 舞台
2 少儿活动室	7 计算机网络管理室	12 观众厅
3 科文档案室	8 书画展馆	13 放映室
4 亲子阅览室	9 音乐辅导室	14 电影厅
5 阅览室	10 舞蹈教室	15 文化资源播放室

■ 雨中的师生街

■ 教学区南立面

专家点评

■边界和密度是学校建筑关注的焦点,这恰恰也是教育空间的本质要求。张家港凤凰科文中心、小学及幼儿园项目在这两点上无疑给出了一个有力的回答。城市边界的消除是社区共享的前提,教育发展至今急需打破的就是禁锢开放的体制。开放后的交流和共享是相互依存的关系,传递的不仅是资源的集约,更是一种社会价值的体现,这也是教育的一个核心目的。内部边界被街区化模糊,带来的是空间的复合和无穷的活力,学校内部体现出了类城市的空间特质。高密度不仅仅是基地特征的结果,更是一种设计的主动选择。合适的密度是空间活力和人体尺度的要求,对于小学和幼儿园而言,这点尤为重要。

周凌

学区庭院内景

幼儿园主入口

报告厅北立面夜景

合肥市第四十五中学森林城校区
THE SYLVANIA CAMPUS OF 45ᵗʰ MIDDLE SCHOOL OF HEFEI

设计单位：合肥工业大学建筑设计研究院
设计人员：褚共伟　周亚东　祁小洁　LARS GRÄBNER　杨　怡　唐　雯　童　辉　曹忠华
　　　　　陈大军　江海权　张　宁　朱永前　　　程苍苍　符星辰　胡　笑
项目地点：合肥万科瑞翔地产有限公司森林城B4区东北部地块
设计时间：2013年11月
竣工时间：2015年7月
用地面积：3.5万平方米
建筑面积：3.3622万平方米/地上2.9824万平方米/地下0.3798万平方米
班级规模：48班

设计理念
场地与功能的平衡
■ 项目用地面积为39000m²，而中学除了满足必要的室内教学功能之外，还要求有足够的室外活动场地，所以整体用地比较紧张。场地的局限性和功能要求之间的矛盾，最终催生了具有创造性的设计方案。
一体化景观的考量
■ 方案以场地景观作为整体设计的核心，将建筑的首层与景观形成一体，在二层提供了大量的架空空间作为半室外的活动场所，并通过缓坡及景观设计，与首层场地整合为一体，从而在满足功能要求的同时，最大化了室外活动空间的可能性，而绿化屋面的使用也会有限改善建筑场地内部环境及降低能耗。
■ 延展的绿色空间改变了传统学校建筑与场地之间的平行关系，而转变成了一个三维咬合的空间体系，使得这片公共空间从所有方向都具有良好的可达性，转为教学与公共功能之间的一层绿色界面，每天将会有大量的人流穿过，极大地扩展了空间的利用率，同时也使得空间自身更具有活力。
架空空间的多样性
■ 校园架空层下的绿坡、平台以及下沉的区域将充分结合景观设计，形成绿意盎然的空间，提供各种有创造性的室外场地，为师生之间创造最好的交流场所。架空层下的半室外空间与室外操场直接相连，存在不同的空间性质。两者间的高差形成室外楼梯作为休息活动和观演的场地，而有顶的室外空间也更方便在不同气候下使用。
标志性形象的塑造
■ 绿坡和架空层的引入同时为建筑在各个街道界面都营造了亲近独特而具有标志性的形象，舒展的体量契合教学建筑所应具有的明确方向性和引导性，场地西侧架空的教学楼绿色缓坡和建筑前方的大片场地又营造出安静的氛围，以宽厚平和的气质帮助学生逐渐攀上远处新的高峰。

■ 校园整体航拍图

教师休息区

■ 室外绿坡

■ 一层平面图

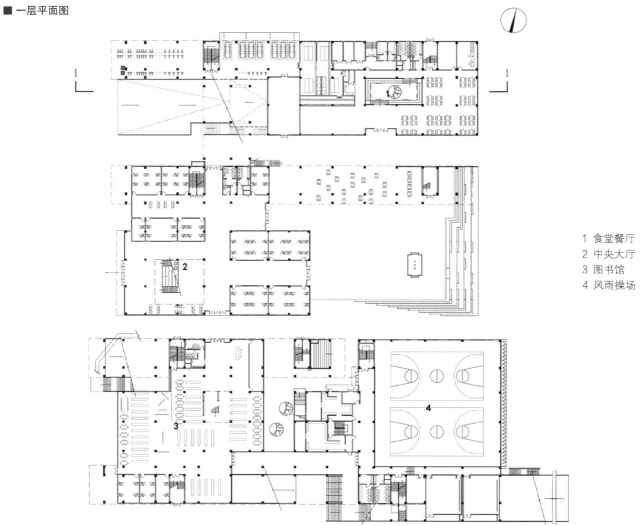

1 食堂餐厅
2 中央大厅
3 图书馆
4 风雨操场

■ 二层平面图

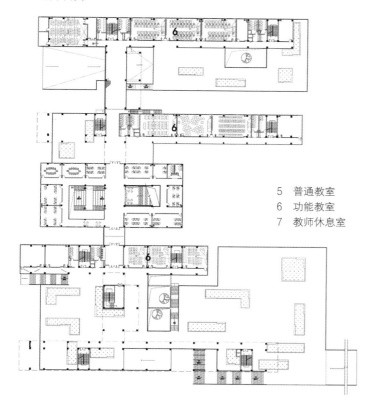

5　普通教室
6　功能教室
7　教师休息室

■ 三层平面图

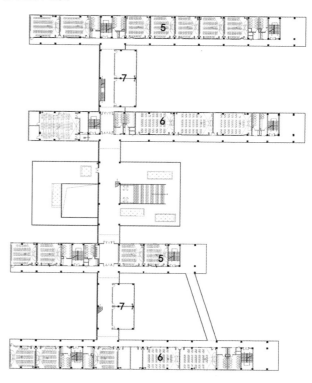

■ 南立面图

■ 剖面图

■ 设计策略

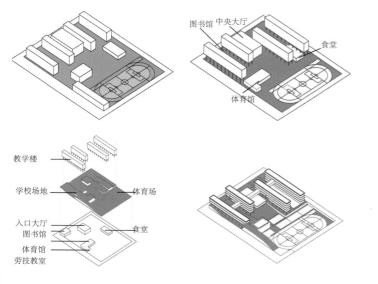

■ 主入口位于场地西侧中央，提供了前广场以及岛式停车道方便学生接送。入口大厅及行政办公体量位于教学功能中心位置，从中间大尺度的楼梯可以直达二层进入办公区域，也可以通过连廊方便地到达所有教室。

■ 大厅南侧首层为图书馆，位于场地西南角绿色屋面的下方，东侧内院的引入，使得图书馆在四个方向上都有良好的采光，同时利用场地自然的高差，在图书馆内部以高差变化定义了灵活丰富的阅读学习空间。图书馆东侧为体育馆，其首层位于半地下，从而保证内部净高的同时仍然与景观整合。

■ 学生食堂位于首层的东北角，面向南侧的中心景观及东侧的操场布置了主要的用餐空间，通过学生用餐与室外活动之间的联系与互动，形成舒适活跃的用餐环境。食堂设计了一个小型的室内庭院，进一步改善了内部环境及采光。

■ 二层中部为行政办公区，教学体量中安排了实验、美术班等特殊教室，自教学楼各个区域都可以通过楼梯及绿坡方便地到达。三至五层沿东西向水平体量安排主要的教学空间。教学体量东侧尽端以阳台的方式开敞形成学生活动空间。

■ 总平面图

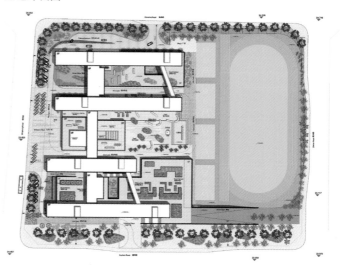

■ 教学长廊

■ 教学楼底层

■ 教学楼二层平台

■ 教学楼内院

■ 教学楼庭院空间

■ 教学楼内院空间

■ 教学长廊

■ 教学楼空中连廊

■ 教学楼西侧玻璃连廊

专家点评

■这所学校在整体设计上打破了传统学校建筑与场地之间相对单调的布局关系，竖向维度的灵活变化极大地提升了空间的利用率，也使得校园空间更具活力和趣味性。校园景观设计有大局观，建筑与外部空间融合度高，用立体组织的手法形成多尺度的层次递进，景观效果丰富，空间体验性强，对学生开展丰富的室外活动起到了很大的促进作用。建筑内部以横向的空中连廊串联起公共活动空间，打破单一长廊的固有空间形式，提供便捷流线的同时，为学生提供多元化的活动空间。建筑造型现代、简洁，用色大胆且细节丰富，整体风格活泼跳跃，契合中学生的年龄特征。如设计者所望，建成的校园主体建筑似学海之舟漂浮在绿坡上，载着孩子们向未来快乐地进发。

凤元利

■ 校园一景

合肥第十中学新校区
NEW CAMPUS OF HEFEI TENTH MIDDLE SCHOOL

设计单位：安徽地平线建筑设计事务所有限公司
设计人员：江海东　张翼飞　张　斌　程家明　韩大伟
项目地点：合肥市新安江路半塔路
设计时间：2013年
竣工时间：2015年
用地面积：约15.8667万平方米
建筑面积：17.5万平方米
班级规模：120班

■ 校园主入口

■ 鸟瞰图

■ 新校区被半塔路（支路）分为东西两个校区，由人行天桥和地面联系。西区为综合教学区，运动区和行政办公区，主要建筑包括图书馆艺术楼、教学楼、实验综合楼、风雨操场、400m标准跑道以及若干运动场地等；东区为生活后勤服务区，主要包括学生公寓、学生食堂、教工周转房、活动中心、游泳馆以及相应的辅助设施。

■ 项目特点：以传统书院为原型，建筑群体及建筑单体均以"院落为核心"进行设计构思，或开放或半开放或内院，多层次立体的适宜尺度的院落空间，张弛有度、自由开放的院落空间。利于沟通交流，形成向心性和归属感。庭院作为团体活动的场所。

■ 规划布局：以传统教育建筑空间序列为规划原则，布局南北主轴和东西次轴联系各建筑院落空间。南北主轴为教学轴线，依次展开校园大门形象空间、图书馆及广场、教学楼、综合实验楼。东西轴线是东西两个园区的功能连接。通过轴线营造空间序列和氛围，也通过轴线展开开放空间对话。

■ 建筑空间与表现材料：建筑采用陶板（图书馆艺术楼，风雨操场，游泳馆）和饰面砂浆为主要材料。采用现代简约的建筑形式，形式因功能产生，尽量减少装饰性构件。通过楼梯、屋顶平台、架空层、大台阶等营造建筑空间的丰富性和趣味性。

■ 风雨操场1

■ 游泳馆1

■ 游泳馆2

■ 风雨操场一层平面图

①健身房
②更衣间
③体育舞蹈教室
④器材室

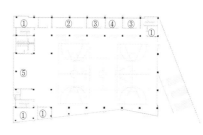

■ 风雨操场二层平面图

①器材室
②综合排练室
③休息室
④更衣室
⑤舞台

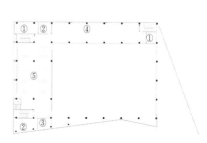

■ 风雨操场三层平面图

①器材室
②辅助用房
③音控室
④活动场地
⑤乒乓球场地

■ 风雨操场2

■ 教师公寓

■ 教师公寓侧立面图

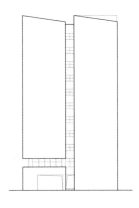

■ 教师公寓正立面图

■ 风雨操场立面图

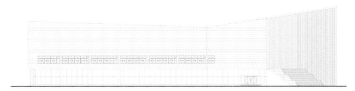

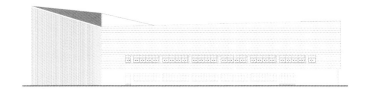

■ 教师公寓一层平面图

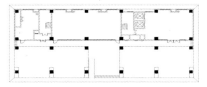

■ 教师公寓二层平面图

①阅览室
②活动室
③健身房
④辅助用房

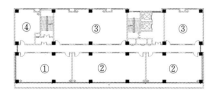

■ 教师公寓三至十层平面图

①教师公寓

■ 教学楼一层平面图

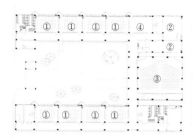

①普通教室
②教师办公室
③合班教室
④选修课教室

■ 教学楼三层平面图

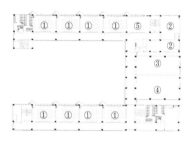

①普通教室
②教师办公室
③100人视频教室
④300人视频教室
⑤选修课教室

■ 教学楼四层平面图

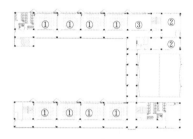

①普通教室
②教师办公室
③选修课教室

■ 教学楼五层平面图

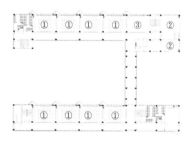

①普通教室
②教师办公室
③选修课教室

■ 教学楼立面图

■ 教学楼

■ 教学楼组团空间

■ 图书馆中庭

专家点评

■在被城市道路分割的两个地块内完成了一个整体的、有机的校园规划设计，通过便捷有效的交通组织，形成了整体完善的校园环境。

■院落空间作为整个规划的灵魂，不同尺度的院落景观空间，以轴线序列贯穿于校园之中，构建出多样性且有活力的校园空间。

■通过大台阶、空中连廊、活力广场等多样性空间组织联系，形成完整、有机的功能体系。

■建筑立面设计现代简约，适度张扬的建筑个性和建筑色彩，丰富了城市空间界面。

■从整体院落式布局到内部丰富的空间组织，再到对外立面材料和工艺的研究，实现了简约、现代的设计思想。

张云海

■ 校园主入口广场

合肥市滨湖新区核心区第二小学
THE SECOND PRIMARY SCHOOL IN THE CORE AREA OF BINHU NEW DISTRICT, HEFEI

设计单位：安徽省建筑设计研究院股份有限公司
设计人员：左玉琅　黄伟军　吴克勤　江　挺　关朝江　毕丽敏　韩　冬　刘菁菁
项目地点：合肥市滨湖新区核心区
设计时间：2014年6月
竣工时间：2016年7月
用地面积：2.8538万㎡
建筑面积：2.8514万㎡/地上1.9808万㎡/地下0.8706万㎡
班级规模：60班

总体布局
■ 设计"以学生为中心"，针对儿童活泼好动的行为特征，建筑布局设置三个院落，以"模糊化"各功能用房之间的空间界定，营建多样、有趣的公共空间为介质，鼓励学生多交流、沟通，创造一个整体流畅、绿色阳光的校园建筑形象。

功能变革
■ 功能组织的变革。建筑功能模块化，形成"组团"概念，每个组团分配若干普通教室，并配备教师休息室、专业教室、共享空间等，更人性化地服务于师生；教室空间的变革。缩小利用率不高的空间，加大普通教室空间，设置"自学区"、展示区、辅导区、生活区等特色教学空间，满足教师与学生、学生与学生的互动、学生的活动与生活以及教师的随班办公等功能。

空间建构
■ 建设多类型、多层级、参与性强的校园空间，营造良好的小学生自主行为发生场所。如丰富的底层架空、活泼的下沉庭院、宽窄变化的走廊空间、教室之间的开放空间、生态的屋顶空间等。

人文精神
■ 引入"博雅趣情"的办学理念。"博"在外部公共空间的多义性；"雅"在建筑外立面的韵律与景观的雅致，增强场所感；"趣"即趣味，多种公共空间释放学生天性；"情"即情操，培养学生乐观健全的人格。

绿建设计
■ 噪音环境、风环境等指标满足规范要求，并采取太阳能热水系统、光伏系统、屋顶绿化、透水地面、雨水收集等措施，达到绿色建筑二星标准，营造一个充满绿色、阳光的校园环境。

■ 校园俯视图

部教学楼

校园西南角

■ 沿金斗路主入口

■ 一层平面图

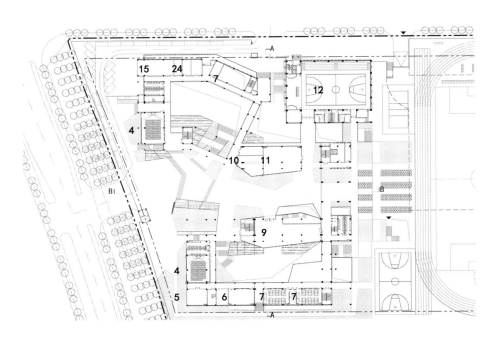

■ 二层平面图

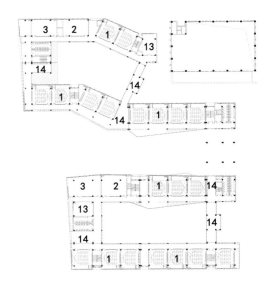

■ 三层平面图

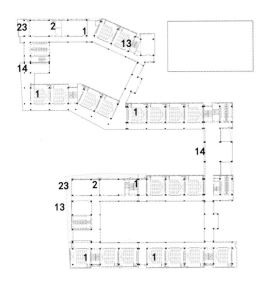

■ 鸟瞰图

■ 负一层平面图

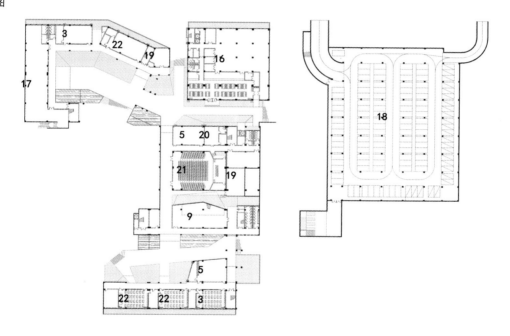

■ 剖面图1

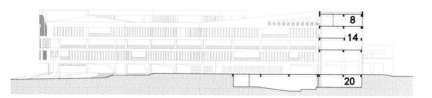

■ 剖面图2

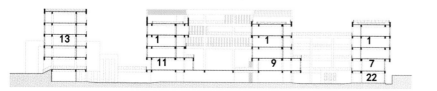

1	普通教室	13	年级组办公室
2	美术教室	14	共享开放空间
3	书法教室	15	设备区
4	合班教室	16	食堂
5	活动教室	17	自行车库
6	合唱教室	18	机动车库
7	计算机教室	19	库房
8	办公区	20	接待室
9	图书室	21	大报告厅
10	校史展览室	22	科学教室
11	教学管理中心	23	音乐教室
12	风雨操场	24	标本陈列室

■ 高年级组团庭院空间

■ 普通教室单元

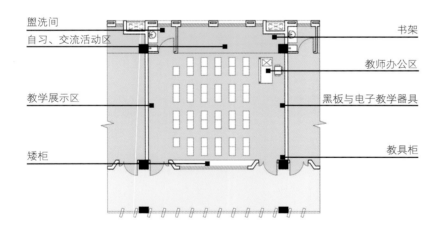

盥洗间

自习、交流活动区

教学展示区

矮柜

书架

教师办公区

黑板与电子教学器具

教具柜

专家点评

■当代基础教育的教育模式正在不断创新和发生变革，该方案对此变化进行了认真思考并尝试通过教育空间和场所的营造来解决和回应。例如教室空间的可变性与多意义性，为教学行为的改革提供可能；丰富的室内外开敞共享空间使师生们可以随时交流和游憩；立面新颖、色彩丰富，底层大面积架空营造出漂浮感；建筑连续转折的造型连通三个院落，以趣味性的空间营造诠释了"博雅趣情"的学校办学理念。这所学校不只是提供一个传统的教育场所，更是将建筑本身视为一种隐性的课程，鼓励学生去发现、探索、交往，将教育从课堂的知识获取扩展到对生活、对社会的一种自发认知与潜在实践上。

高健

■ 低年级组团庭院空间

■ 开敞外廊空间

■ 扩大走廊空间

中心广场架空空间

室

■风雨操场

侧共享空间

■ 校园东侧

合肥市第四十五中学
THE 45th MIDDLE SCHOOL OF HEFEI

设计单位：安徽地平线建筑设计事务所股份有限公司
设计人员：江海东　张翼飞　吴前宏　丁俊杰　李　凯　程家明
项目地点：合肥市庐阳区桐城北路
设计时间：2012年
竣工时间：2013年
用地面积：2.0308万平方米
建筑面积：2.8519万平方米/地上1.7577万平方米/地下1.0941万平方米
班级规模：36班

多彩校园

■ 本项目选址位于合肥市庐阳区老城区内，校园规划总用地面积2.0308万平方米，合计30.5亩，规划总建筑面积2.8519万平方米，新建包括教学楼、科技楼，改造原有5层教师行政楼。

规划设计理念

■ 在城市老城区原有学校用地上营造一个适应中学生生理和心理需求的校园空间。校园整体在有限而又充满限制的环境中，通过巧妙的空间组合，结合既有建筑进行灵活布局，使建筑肌理既融合周边城市空间环境，又将原有校园的消极空间转换为空间属性明确的积极空间，最大限度地利用老城区稀缺的土地价值。在建筑形体上通过有机的组合方式，创造多变、灵动的空间形态，营造良好的校园文化空间氛围。

■ 本项目中校园南侧为改造的教师行政楼，以北分别为九年级教室以及八年级教室，校园西侧为科技楼。九年级教室将校园的入口广场分为两个部分，既满足了各个年级的需要，又增加了空间的灵活性。教学楼之间虽然平行布置，但略带扭曲的连廊充满了设计感，也增加了空间的活力，使整个校园更加富有层次，充满活力。

立面设计

■ 建筑造型利用实体墙面、玻璃、遮阳百叶错位组合的灵活的建筑语言，实现活跃的建筑形象。建筑色彩采用灰白色与红砖组合，形成具有文化气质的新颖独特的视觉感受。同时建筑自身构件的凹凸造型使得整体建筑在造型上更加灵活多变，也体现了当代中学生朝气蓬勃、奋发有为的精神面貌。

空间设计

■ 教学楼各层通过连廊连接，既方便教学，又形成了学生交流活动的空间；底层采用架空设计，有利地缓解了基地环境小的不利条件，同时也使人流疏散更加流畅、安全。利用建筑自身构件的凹凸、穿插，从而形成大小不一、灵活多变的虚实空间，既增强了学生的空间感，又使得建筑整体风格更加新颖脱俗、别具一格。

■ 校园整体鸟瞰

■ 教学楼南侧

操场视点图

■ 科技楼一层平面图

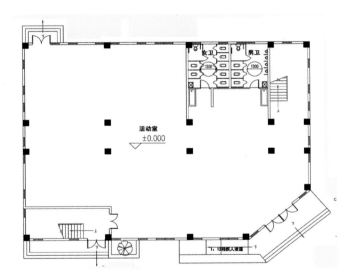

■ 科技楼二层平面图

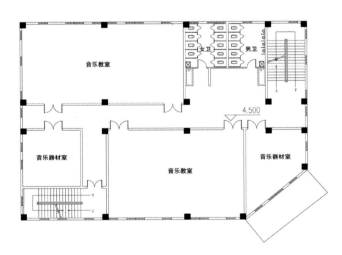

■ 科技楼南立面

■ 科技楼北立面

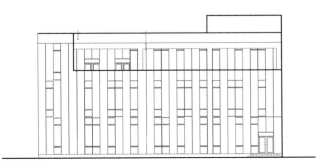

■ 九年级教学楼

■ 教学楼阳台

■ 校园总平面图

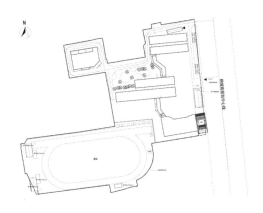

■ 教学行政楼立面图

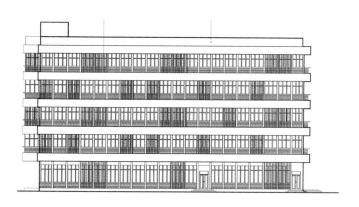

■ 教学行政楼一层平面图

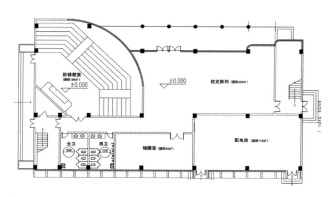

■ 九年级教学楼一层平面图

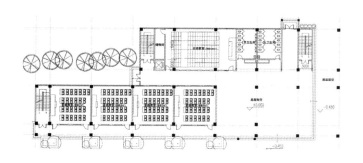

专家点评

■这所学校设计面临的挑战是在城市老城区原有学校用地现状上如何营造适应中学生生理和心理需求的校园空间。校园规划结合既有建筑灵活布局，使得建筑肌理既融合周边城市空间环境，又将原有校园的消极空间转换为空间属性明确的积极空间，最大限度地利用了老城区稀缺的土地价值。建筑形体有机的组合方式，创造了多变、灵动的空间形态，营造了良好的校园文化空间氛围。建筑造型利用实体墙面、玻璃、遮阳百叶错位组合的灵活的建筑语言，打造活跃的建筑形象。建筑色彩采用灰色与红砖组合，形成新颖独特的文化感。校园整体在拥挤而又充满限制的环境中，通过巧妙的空间组合，以节约土地的处理方式完成功能的布置，以最优化的经济性完成老城区学校的建设，为老城区校园建设提供了新的设计思路。

程健

■ 校园内景

金寨县思源实验学校
JINZHAI SIYUAN EXPERIMENTAL SCHOOL

设计单位：安徽地平线建筑设计事务所股份有限公司
设计人员：江海东　黄安飞　吴前宏　萧博思　何劲熙　张翼飞　张　伟
项目地点：安徽省金寨县新城区
设计时间：2012年3月
竣工时间：2013年8月
用地面积：5.5067万平方米
建筑面积：2.53248万平方米
班级规模：54班

因地制宜
工程概况
■ 金寨县思源实验学校是一所由金寨县人民政府出资和香港言爱基金捐资建设的九年一贯制公办寄宿制学校。项目占地面积80亩（约5.3333万平方米），学校共设置54个班，可容纳2500名学生。新建包括教学楼、报告厅、实验室、艺术楼、食堂、男女浴池、学生宿舍、图书楼、教师周转宿舍、标准运动场、中央广场等。

规划理念
■ 因地制宜，利用天然的山体环境资源，利用并保护环境，将南北建筑群设计成两个不同标高拿的建筑群。通过不同楼层的连接，将整个建筑群巧妙连接起来，营造一个空间丰富、经济、安全、绿色、生态的学校。

立面设计
■ 建筑形体及外立面以纯粹、简约为目标，一切从功能合理组合、空间体验及构造的逻辑出发，构成自然反映内空间的建筑外观形态，避免非实用的装饰等带来的资源浪费。
■ 立面材料也坚持简洁实用的风格：外墙为砖红色面砖；走廊、天花及挑空屋顶为橘红色涂料；功能房内为白色涂料。
■ 地面铺砖采用统一性设计：建筑所有走廊、连廊、内外楼梯均用浅灰色水磨石，经久耐用又不失美观；中央广场均使用浅灰色地砖。
■ 两座主楼屋顶的部分为楼梯通往屋顶出口及屋顶机电设备挡墙，打破了两座主楼平直的屋顶天际线，为功能及美学合一的设计体现。

景观设计
■ 景观规划尊重自然与人文环境的特点，力图实现校园与周边环境的密切融合。
■ 园区内设有大尺度的具有向心性的中央广场，广场周边设有三个主题园区：学生宿舍园区、艺术楼园区和小学部园区。各园区互相借景，园外有园，构成层次丰富的园林景观。
■ 平台花园与教学楼连廊、宿舍区连廊、报告厅连廊、广场大阶梯等共同形成可活动场地，屋顶的平台花园设有凉亭花池等休闲设施，满足丰富造型、完善空间的同时，起到实用性效果。
■ 整个园区建筑注重立体式花园和空中花园的引入，将绿色融入到校园的各个角落。

■ 校园主入口

■ 学生宿舍

■ 教学楼

■ 行政办公楼

■ 女生宿舍东西侧

■ 校园整体鸟瞰图

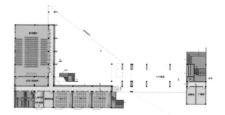
■ 一层平面图

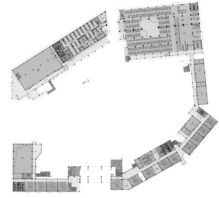
■ 二层平面图

空间设计

■ 建筑功能分布是个围合的概念，向心性的空间布局，把学生的学习、生活向中心展示，促进互动学习的氛围，围合性的布局，创造了中央广场空间，适合进行各种形式的户外活动。平台花园形成全天候步道系统，将学习生活两区连接成一体化校园。设计中注重整体园区的开放性、互动性和趣味性，并将人性化设计理念贯穿于整个设计。

■ 校园通过各功能建筑的有机组合，恰当地解决各功能的布置，并通过集约的土地处理方式，在保证经济性的同时，使有限的用地资源得以最大化地利用和体现。

■ 三层平面图

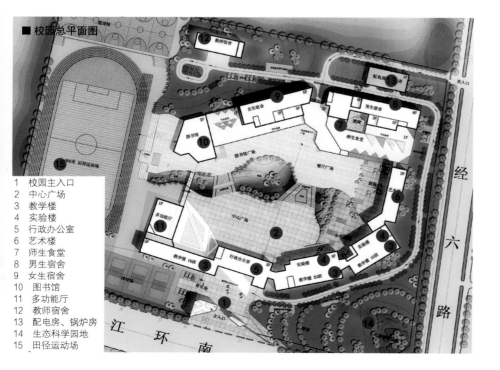
■ 校园总平面图

1 校园主入口
2 中心广场
3 教学楼
4 实验楼
5 行政办公室
6 艺术楼
7 师生食堂
8 男生宿舍
9 女生宿舍
10 图书馆
11 多功能厅
12 教师宿舍
13 配电房、锅炉房
14 生态科学园地
15 田径运动场

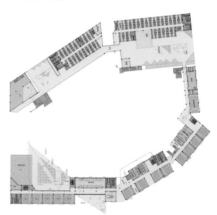
■ 四层平面图

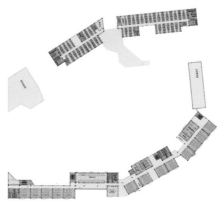

■ 教学楼1号楼南立面图

■ 学生宿舍南立面图

■ 教师宿舍南立面图

■ 艺术楼西立面图

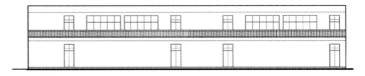

■ 艺术楼东立面图

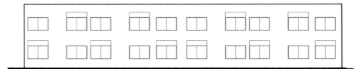

■ 师生食堂

■ 鸟瞰图

■ 教学楼入口

■ 中心广场

■ 多功能厅

专家点评

■长期以来，中小学设计形成了教学建筑集中排列式设置的较为固定的模式。位于山区环境金寨县思源实验学校的校园设计，突破了传统校园建筑的固有形象，为此类教育建筑建设提供了新的思路。

■整个建筑群因地制宜，将教学建筑顺应场地现状地形进行周边式布局，使自然地形有了很好的利用，重要的是在校园中部形成的空间，形成不同标高的活动区域，围绕着院落周边不同标高的教室、空中走廊、平台花园使得空间极具向心力。开阔互动的空间为学生提供了一个开放、自由、通达的交往活动场所，对学生培养开朗、积极和自由的性格提供了很好的外部环境，同时形成了独有的校园风貌。

■在学校建筑场地的合理利用、开放空间、建筑的互动性和趣味性等方面进行了思考和大胆融合，是这所学校建筑环境设计对教育理念的响应和影响的有力探索。

左玉琅

■ 校园平台及连廊

安徽省合肥市十张小学
SHIZHANG PRIMARY SCHOOL IN HEFEI, ANHUI

设计单位：东华工程科技股份有限公司
设计人员：胡国波　高　健　张晓阳　王　颖　徐　放　李　兵　张　靓　李　辉
　　　　　阚雪峰　齐柏枝　卜　福　胡显根　马伏战　韦祖斌
项目地点：合肥市庐阳区大杨镇
设计时间：2015年3月
竣工时间：2017年8月
用地面积：30674.4m²
建筑面积：总30467.44m²/地上23192.94m²/地下7274.5m²
班级规模：包班制36班

律动乐章
■ 设计理念及特色：当今社会需要的是具有创造力、充满好奇心并能自我引导的终生学习者，而义务制教育体制和严格的学校规范更加强调以"绩效型"功能空间为核心，而忽视了以多样性、多义性的"赋能型"空间来激发学生的内在自我成长动力。该方案在设计中重新审视和反思了"绩效型"校园平行、单调、失义的空间模式，而是在保持功能和效率的基础上，利用高差变化、多样化的空间形态、丰富自由的形体，为小学生们提供更多由他们自己去定义和创造的活动空间，从而激发了学生们的活动，使之成为意趣盎然的校园环境。

架空大平台
■ 1. 架空平台实现了操场与校园活动空间的水平对接。
■ 2. 为学生提供了更多的活动空间。
■ 3. 丰富了平台上下的交流空间，为学生提供了更富有趣味性的建筑空间形态。
■ 4. 大平台下方为学生提供了更多雨雪天气也可活动的空间。

校园立体绿化体系
■ 1. 体现学校绿色校园、绿色办学的理念。
■ 2. 为学生提供了优雅的学习环境。
■ 3. 增加学生的绿色体验。
■ 4. 提高绿化覆盖率，为实现国家级绿色学校打下基础。

包班制教学模式设计
■ 1. 让教师拥有课程与教学的自主权，全程跟踪，因材施教。
■ 2. 有利于改变过去以学科知识传授为主线的教学体系，形成以学生发展为中心的教学格局，也更有利于建立民主、平等的师生关系。
■ 3. 教师合理分工，相互配合，按照学生特点，开展各种教育教学活动。

■ 校园入口及报告厅

■ 校园整体鸟瞰图

■ 总平面图

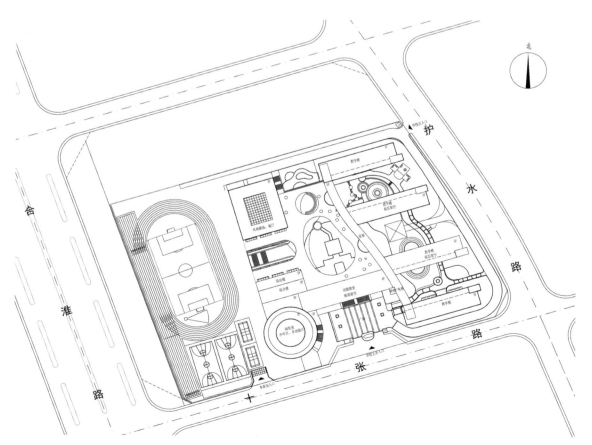

北

合 淮 路

护 水 路

张 路

319

■ 校园主入口全景图

■ 南立面图

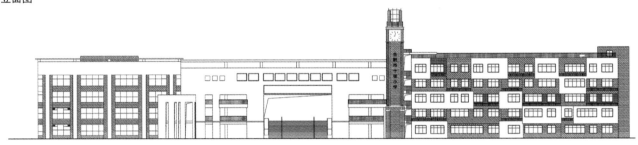

■ 西立面图

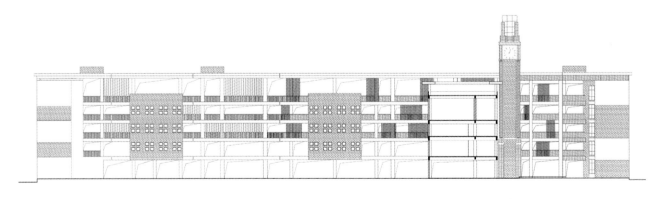

■ 本项目建筑形体的生成具有强烈的理性逻辑，考虑到西侧道路作为快速干道，交通流量对基地会产生噪声影响，故将操场及环形跑道设置于临近合淮路一侧，主要的教室功能用房等设置于基地东侧较为安静的区域，形成有效隔离，在功能布局上降低外部噪声的影响。确定运动场位置后，方案形成了西动东静的空间格局；在此基础上分割穿插，形成架空庭院空间，改善教学区环境，部分教学单元底层架空，扩大学生活动场地；基地东西侧高差达四米，把联系平台接入教学区和体育活动区，将校园建筑连成整体。最后，置入学生活动室、风雨操场等活跃元素，丰富校园空间。

■ 学校的教室等功能空间置于基地东侧，将侧面临近护水路，有效减少道路对教学的影响。将风雨连廊置于教学楼西侧，减少西晒及眩光的影响，校园内空间布局结合主入口布置，实现日照条件的合理利用。

■ 中部两栋教学楼底部架空，庭院开敞；在夏季主导风向下，能够形成自然风道，提高通风效果，改善室外活动空间的环境舒适度。北侧风雨操场、教学楼及架空平台横向展开，连成整体，在冬季能形成迎风屏障，抵挡西北向寒风的侵袭。降低冬季场地内风速，提高了校园内部的节能效果。

■ 建筑立面上主要以砖红色及米黄色墙体为主要色彩，部分通透玻璃面点缀其中，造型大气而不失精致。考虑到小学生的心理活动，着眼于细部的韵律感和细腻感，通过廊架、体块、飘板相穿插的手法勾勒出现代校园的清新明快之风，营造出轻松活泼的校园整体氛围，使学校建筑更利于少年儿童学习和心理成长。

■ 操场入口

■ 教学楼内庭院1

■ 教学楼内庭院2

■ 庭院景观

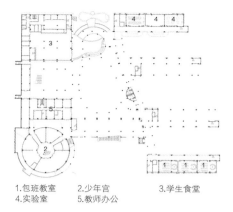

■ 一层平面图

1.包班教室　　　2.少年宫　　　3.学生食堂
4.实验室　　　　5.教师办公

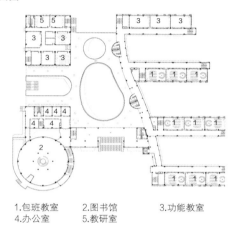

■ 二层平面图

1.包班教室　　　2.图书馆　　　3.功能教室
4.办公室　　　　5.教研室

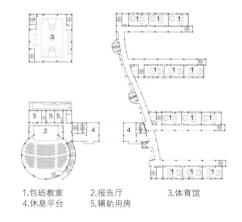

■ 三层平面图

1.包班教室　　　2.报告厅　　　3.体育馆
4.休息平台　　　5.辅助用房

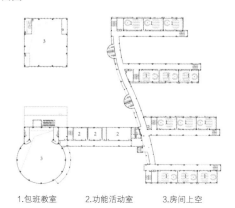

■ 四层平面图

1.包班教室　　　2.功能活动室　　　3.房间上空

■ 校园中心庭院1（摄影：孙智）

■ 平台空间

■ 东立面图

■ 剖面图1

■ 剖面图2

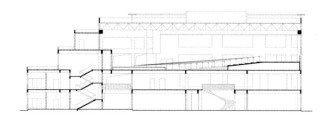

■ 七色光廊　　　　　　　　　　　　　　　　　　■ 架空底层
■ 风雨连廊　　　　　　　　　　　　　　　　　　■ 梦想舞台
■ 校园中心庭院2（摄影：孙智）

专家点评

■十张小学完整且有活力的形体，来源于设计者的逻辑推理与内心对小学生群体在成长过程中的行为模式的关注。

■这种理念指导下的设计，自始至终促使着他们对设计要素的深度思考：场地高差的利用、架空与庭院空间的产生与联系、联廊在交流功能与统一功能方面的强化、方圆高低错落的形体组织……

■这种思考产生了契合小学生内心与行为模式的多彩世界。

■这是一处流动的空间，强烈的弧线、不同形态体量的碰撞，使得内庭院的景观得以渗透至操场和各个教学单元，风雨操场与多功能厅采用几何造型，一方一圆，体现"无规矩，不成方圆"的教育理念，不同的建筑体量相互碰撞，将各种开敞的、狭窄的、挑高的、封闭的空间有机组合，使得空间不仅在水平方向是流动的，在垂直方向也是流动的。平台下部的"梦想舞台"、"七色光廊"、"多彩跑道"的设置，平台绿化、屋顶绿化、连廊绿化的有机结合等，审慎地改变着传统校园的格局，努力契合小学生多彩的内心世界，让他们去发现、触碰、感知、学习。

江海东